"本科教学工程"全国纺织专业规划教材
高等教育"十二五"部委级规划教材

纺织导论

FANGZHI
DAOLUN

薛 元 主 编
易洪雷 敖利民 副主编

U0228732

化学工业出版社
·北京·

本书从纤维、纱线、织物三个层面，浅显易懂地介绍了各类纺织材料的结构与性能，纺织纤维集合体的成形加工过程、工艺方法以及特点。对非织造布、涂层织物以及纺织品的染整加工等也进行了介绍。

　　本书可作为高等院校纺织、服装专业以及其他相关专业的教材，也可供纺织服装企业管理与工艺技术人员阅读和参考。

图书在版编目（CIP）数据

纺织导论/薛元主编.—北京：化学工业出版社，
2013.10（2024.8 重印）
"本科教学工程"全国纺织专业规划教材
高等教育"十二五"部委级规划教材
ISBN 978-7-122-18462-7

Ⅰ.①纺… Ⅱ.①薛… Ⅲ.①纺织—高等学校—教材
Ⅳ.①TS1

中国版本图书馆 CTP 数据核字（2013）第 219602 号

责任编辑：崔俊芳　　　　　　　　　　　　装帧设计：史利平
责任校对：蒋　宇

出版发行：化学工业出版社（北京市东城区青年湖南街 13 号　邮政编码 100011）
印　　装：涿州市般润文化传播有限公司
787mm×1092mm　1/16　印张 12　字数 316 千字　2024 年 8 月北京第 1 版第 11 次印刷

购书咨询：010-64518888　　售后服务：010-64518899
网　　址：http://www.cip.com.cn
凡购买本书，如有缺损质量问题，本社销售中心负责调换。

定　　价：32.00 元

"本科教学工程"全国纺织服装专业规划教材编审委员会

序 *Preface*

　　教育是推动经济发展和社会进步的重要力量，高等教育更是提高国民素质和国家综合竞争力的重要支撑。近年来，我国高等教育在数量和规模方面迅速扩张，实现了高等教育由"精英化"向"大众化"的转变，满足了人民群众接受高等教育的愿望。我国是纺织服装教育大国，纺织本科院校47所，服装本科院校126所，每年两万余人通过纺织服装高等教育。现在是纺织服装产业转型升级的关键期，纺织服装高等教育更是承担了培养专业人才、提升专业素质的重任。

　　化学工业出版社作为国家一级综合出版社，是国家规划教材的重要出版基地，为我国高等教育的发展做出了积极贡献，被新闻出版总署评价为"导向正确、管理规范、特色鲜明、效益良好的模范出版社"。依照《教育部关于实施卓越工程师教育培养计划的若干意见》（教高［2011］1号文件）和《财政部 教育部关于"十二五"期间实施"高等学校本科教学质量与教学改革工程"的意见》（教高［2011］6号文件）两个文件精神，2012年10月，化学工业出版社邀请开设纺织服装类专业的26所骨干院校和纺织服装相关行业企业作为教材建设单位，共同研讨开发纺织服装"本科教学工程"规划教材，成立了"纺织服装'本科教学工程'规划教材编审委员会"，拟在"十二五"期间组织相关院校一线教师和相关企业技术人员，在深入调研、整体规划的基础上，编写出版一套纺织服装类相关专业基础课、专业课教材，该批教材将涵盖本科院校的纺织工程、服装设计与工程、非织造材料与工程、轻化工程（染整方向）等专业开设的课程。该套教材的首批编写计划已顺利实施，首批60余本教材将于2013～2014年陆续出版。

　　该套教材的建设贯彻了卓越工程师的培养要求，以工程教育改革和创新为目标，以素质教育、创新教育为基础，以行业指导、校企合作为方法，以学生能力培养为本位的教育理念；教材编写中突出了理论知识精简、适用，加强实践内容的原则；强调增加一定比例的高新奇特内容；推进多媒体和数字化教材；兼顾相关交叉学科的融合和基础科学在专业中的应用。整套教材具有较好的系统性和规划性。此套教材汇集众多纺织服装本科院校教师的教学经验和教改成果，又得到了相关行业企业专家的指导和积极参与，相信它的出版不仅能较好地满足本科院校纺织服装类专业的教学需求，而且对促进本科教学建设与改革、提高教学质量也将起到积极的推动作用。希望每一位与纺织服装本科教育相关的教师和行业技术人员，都能关注、参与此套教材的建设，并提出宝贵的意见和建议。

2013.3

前 言

　　随着高等教育蓬勃发展，高等教育由精英型教学培养模式向大众型教学培养模式转变。同时，中国经济正在快速地完成全球一体化的进程。在经济与技术的快速发展、高科技手段普遍运用、信息可以快速便捷地进行传递和加工的综合外部条件下，新的生存理念已对传统的高等教育模式提出了挑战。

　　中国的纺织服装产业正在从加工型向加工——品牌型转变。利用高新技术改造传统纺织行业，提升纺织服装行业的核心竞争力，使中国由纺织大国向纺织强国迈进，关键是要加强纺织人才的培养。

　　在本书的编写过程中，按现代化、实用化、直观易懂的要求，对各章节内容进行处理和表达。在内容的组织方面，尽可能把近几年国内外相关的最新科技成果揉进教材。并给出了大量的图片实例，相信将会加深学生对纺织工艺流程及相关问题的理解。

　　本教材由薛元任主编，易洪雷、敖利民任副主编。第一章由易洪雷编写，第二章由曹建达、薛元编写，第三章由薛元编写，第四章由敖利民编写，第五章由薛元、敖利民编写，第六章由曹斯通、薛元编写，第七章由杨恩龙编写，第八章由钱程编写，第九章由敖利民编写，第十章由易洪雷编写。全书由薛元统稿，王善元教授审稿。

　　由于编者水平有限，书中难免有疏漏和错误之处，欢迎广大师生和读者随时来函批评指正（E－mail：xueyuan168＠aliyun.com），以便于我们及时修订和改正。

　　对给予本书出版大力支持的各位领导和专家表示衷心的感谢！

编者

2013.7

目 录
Contents

第一章

绪 论

本章知识要点：

1. 掌握纺织品的定义与类别、纺织品的加工工艺流程等基本知识；
2. 认识中国纺织工业的地位；
3. 了解纺织工业的发展现状与趋势。

在现代社会中，当人们谈到纺织品时，可能马上会想到身上穿的衣服或华丽的时装表演，有时或许还会联想到床上用品、桌布、地毯和窗帘等室内装饰材料，然而当今纺织材料的应用和纺织品的含义，早已超出了人们的这些认识，特别是进入 21 世纪以后，经过多次工业技术革命的催化，使许多从前闻所未闻的纺织新产品进入了我们的日常生活。事实上，大到江河截流、太空探险，小到缝纫线、人造血管，纺织材料和纺织品无处不在，纺织世界的确是一个令人激动的研究、设计开发与应用领域。在这里，产品功能与社会时尚，产品制造、消费与进出口贸易交相辉映，满足着人类生存的最基本需求，美化着人们的生活和心灵，装扮着整个世界，而且还将继续改变和创造着人类文明。

第一节 纺织品的概念、分类与加工工艺流程

纺织品一词是由拉丁字 Texere 演绎而来，泛指经过纺织、印染或复制等加工，可供直接使用或需进一步加工的纺织工业产品的总称，如纱、线、带、绳、织物、毛巾、被单、毯、袜子、台布等。

一、纺织品的分类

纺织品根据其纤维原料品种，纱线和织物的结构、成形方法，印染或复制加工方法，最终产品的用途等不同，而形成了多种纺织品分类体系，各种不同类型的纺织品的质量考核项目和试验方法往往存在一定差异，因此掌握纺织品分类方法对于准确掌握纺织标准，科学地

对纺织品质量特性进行测试、分析、评定都具有十分重要的意义。

目前纺织品的分类方法如下。

（一）按生产方式分类

按纺织品生产方式分为纱线绳带类纺织品、织物、簇绒织物、非织造布和涂层织物等。

1. 纱线绳带类纺织品

纺织纤维经成纱工艺制成纱；两根或两根以上的纱经合并加捻而制成线；由多股线捻合而成，直径较粗的称为绳；由若干根线编结形成的狭条状织物或管状织物，称为带。

2. 织物

织物可分为机织物和针织物，机织物是用织机将垂直排列的经纱和纬纱按一定的组织规律交织形成的。针织物是用针织机将纱线弯曲成线圈状，以线圈套线圈的方式形成织物。

3. 簇绒织物

在底布上用排针机械栽绒，形成圈绒或割绒毯面的织物。

4. 非织造布

俗称"非织造织物""无纺布"，它通常指将定向排列或随机排列的纤维网加固成扁平状的结构材料。

5. 涂层织物

通过在机织物、针织物、簇绒织物或非织造布等基布的一面或两面覆盖一层以上的人造或天然高聚物薄膜而制成的一种复合织物。

（二）按组成纺织品的纤维原料分类

分为天然纤维纺织品、化学纤维纺织品两大类。

1. 天然纤维纺织品

使用在自然环境中生长或存在的植物纤维（棉花、麻）、动物纤维（羊毛、蚕丝）、矿物质纤维（玻璃纤维、陶瓷纤维、金属丝）等加工而成的纺织品。

2. 化学纤维纺织品

使用由人工加工制造成的纤维加工而成的纺织品。包括利用天然的高聚物经化学或机械方法制造而成的纤维（再生纤维如黏胶、天丝、大豆蛋白纤维、竹浆纤维）和利用煤、石油、天然气、农副产品等低分子化合物，经人工合成与机械加工而制得的纤维（合成纤维如涤纶、锦纶、腈纶、丙纶、维纶、氨纶）等加工而成的纺织品。

（三）按纺织品最终用途分类

分为服用纺织品、家用纺织品和产业用纺织品三大类。

1. 服用纺织品

服用纺织品包括制作服装的各种纺织面料如外衣料和内衣料，以及衬料、里料、垫料、填充料、花边、缝纫线、松紧带等纺织辅料。服用纺织品必须具备实用、经济、美观、舒适、卫生、安全、装饰等基本功能，以满足人们工作、休息、运动等多方面的需要，并能适应环境、气候条件的变化。

2. 家用纺织品

也称为装饰用纺织品，包括家具用布和餐厅、盥洗室用品、床上用品、室内装饰用品、户外用品。家用纺织品在强调其装饰性的同时，对产品的功能性、安全性、经济性也有着不同程度的要求，如阻燃隔热、耐光、遮光等性能。

3. 产业用纺织品

各式各样的产业用纺织品所涉及的应用领域十分广泛，产业用纺织品以功能性为主，产品供其他产业部门专用（包括医用、军用），如人造血管、绷带、内外墙隔板、刹车片、土壤侵蚀织物、枪炮衣、篷盖布、帐篷、土工布、船帆、滤布、筛网、渔网、轮胎帘子布、水龙带、麻袋、造纸毛毯、打字色带、人造器官、航天服和各类防护服等。

二、纺织产品的加工工艺流程

纺织工程包含了机械工程、电气工程、化学工程、材料工程等加工技术，它的加工对象是纤维聚集体（或集合体）。纺织纤维的加工过程可以看成是对纤维集合体进行某种形式的加工，一般有以下几种形式：

纤维→纱线→织造（机织、针织）→机织（针织）物

纤维→纤维直接成网→纤网加固→非织造布

织物→染整→成品

纺织产品的加工工艺主要是指某类纺织品的加工方法与流程。三种典型纺织品的一般加工工艺流程是：

1. 机织物与针织物

原料→纺纱（开松、梳理、并合、牵伸、加捻）→织造（机织、针织）→染整（染色、印花、功能整理、形态整理）→包装→成品

2. 非织造布

原料→纤维成网（梳理）→纤网固结（水刺、针刺、纺黏、熔喷、热压）→后整理（印花、功能整理、形态整理）→包装→成品

第二节　纺织工业体系

纺织是将纤维材料加工成长丝、纱、线、绳、织物、染整制品、成衣或装饰及产业用布的工业，见图1-1。

狭义的纺织工业主要包括棉纺织、毛纺织、麻纺织、丝纺织、针织、印染等部门。20世纪60年代又开发出以短纤或长丝为原料，不经过传统的纺纱、织造工序，将纤维开松、梳理、铺成絮片后直接制成"不织布"的非织造布制造业。

图1-1　现代纺织企业一瞥

广义的纺织工业除包括纺纱、织造、染整等部门外，还包括其前道的天然纤维加工、化学纤维生产，其后道的服装设计与制作，以及为纺织工业提供装备的纺织机械制造等部门。中国的服装工业兴起于20世纪50年代，然而在当时真正用工业方式进行服装生产的，除针织内衣之外，仅有衬衫、风雨衣、军服等少数产品。20世纪80年代国家将服装工业归纺织工业部门管理后，经过国家大力提倡并引进许多技术先进、效率很高的生产线后，仅仅经过

十多年就发展到年产 90 多亿件的庞大规模，完成了"成衣工业化"。目前服装工业已成为中国纺织工业最重要的组成部分之一。

天然纺织原料的初加工包括轧棉、原棉消糖；羊毛消毒、选毛、洗毛、炭化；浸麻脱胶；选茧、烘茧等，其经济部门分类，既可以归入纺织工业序列，也可以归入物资流通或农业部门。化学纤维工业是 20 世纪中后期迅速兴起的产业，其前半段属于化学工业，后半段纺丝加工类似纺纱技术，因此既可以列入化学工业序列，也可列入纺织工业序列。中国化纤工业在 20 世纪 50 年代起步，70 年代国家加大投资，80 年代以后大力发展，到 90 年代后期化学纤维总产量就已跃居世界前茅，随后一直保持世界第一的位置。

传统纺织品的生产大体分为四个步骤：第一步是将纤维原料纺成纱线；第二步是通过机织和针织将纱线加工成织物；第三步是将织物加工成印染纺织品；第四步是将印染纺织品加工成服装、家用或产业用等终端产品。然而，纺织技术的飞速发展，使得纺织品已不再局限于使用这样的工艺制造了，如采用非织造工艺可以直接将纤维聚集成"布"，这种生产方式令人感觉纺织品的加工就像在办公室里工作一样宁静。这说明现代纺织制造技术已经发展得像当今新型产业与高新技术一样比较先进。

过去纺织品主要用作服装材料，但自从 20 世纪各种新纤维材料融入纺织制造业以后，情况就发生了根本性的变化。现在按纤维消费量来估算，用于服装的只占很少部分，更多的纺织纤维则是被用来制造家用纺织品和各种工程材料。过去人们总以为钢铁远比纤维坚硬，殊不知现在许多用合成材料制得的纤维，其结构所提供的强度比钢铁还高，而且现在的纺织制造技术完全可以把与纺织纤维粗细相近的金属材料加工成各种高性能或高功能纺织品。过去公路都是用一层一层砂石料堆起来的，现在最好的公路必须用土工纺织品做铺垫（见图 1-2）。正是因为有了这样的纺织品，我们才能在海滩上建机场，在沙漠里或高原上修筑铁路。

无土工布   有土工布

图 1-2   用于道路建设的土工材料

第二次世界大战后，新型化工合成材料和材料科学的出现使纺织品的产品体系发生了革命性的改变。当时人们学会了怎样根据自己的需要去制造更适用的纤维和产品，并梦想着如何利用这些材料来为自己创造新的生存条件。20 世纪 70 年代出现的新一轮工业技术革命给纺织工业送来了基于智能技术和机电一体化技术的现代制造技术，使人们的梦想变成了现实。从那时候起，纺织制造业的生产力水平得到了意想不到的提升，并从根本上改变了纺织制造技术的面貌。之前开发一个新的提花织物，从设计到生产大约需要 15～20 天。由于数码纺织技术的普及与应用，现在只要 15～20 分钟就可以完成；过去生产一种新印花布，从花型设计到制版印花至少要数天或数十天，而且还要多道工序予以配合。但现在由于使用了基于数字化技术的计算机集成制造系统（见图 1-3），只要十几分钟就能完成。

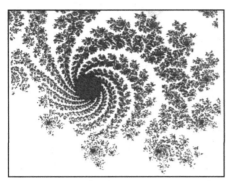

图 1-3　计算机自动生成的面料图案

目前，我国已建成门类齐全的纺织产业体系，并已成为世界上最大的纺织服装生产国，全世界有 1/3 以上的人穿的都是中国制造的服装。从 20 世纪 90 年代开始，为抑制国内纺织企业恶性竞争的态势，促使国内纺织企业调整产品结构，提高纺织产品附加值，国家断然采取了限产压锭的措施，当时许多人都误认为这是纺织产业不景气的信号。但实际的情况是：自从纺织企业压锭以来，极大地促进了中国纺织产业的转型升级。通过新建和改制后重建形成的纺织产品制造能力，已远远超过了原有的纺织生产水平与能力，甚至是成倍增长，传统纺织产业得以重焕生机。今天如果你有机会到浙江、江苏、山东、广东一带看一下的话，就会发现那里有众多发达的纺织产业集群或新兴的纺织工业城，可以说是一片兴旺发达的景象。

第三节　纺织工业的发展现状

纺织工业作为人类文明过程的产物，它在人类发展历史上拥有不容置疑的基础地位，因为人们首先必须解决吃、喝、穿、住，然后才能从事政治、科学、艺术、宗教等活动。至于纺织工业在某一个国家所处地位的差异，只不过是在不同时代、不同发展阶段分工条件不同而已。

一、纺织工业的行业特点

从世界工业化以及经济发展的一般规律来看，纺织工业往往是一个国家或地区工业化初期的主导产业。这是因为纺织产业能够吸收先进技术，代表产业发展方向，并对其他产业的发展具有较强带动作用。此外，纺织工业拥有众多高关联型产业，产业链长，涉及部门、产业依存度高，具有市场大、技术障碍小、投资少、收效快、积累资金多、可以吸纳较多人就业等特点。

纺织业具有较高的后向联系水平，这对处于工业化初期的不发达国家来说，尤其具有重要意义。因为对于这些国家而言，在工业化初期工业部门结构不完善，资金短缺、技术管理人员素质较低，经济发展水平缓慢。为加快不发达国家的经济发展，如能有意识地使后向联系程度高的产业部门优先发展，就可以刺激或带动与该部门后向联系较紧密的部门的梯次发展，从而加速不发达国家的工业化进程。

二、世界纺织重心的三次转移

近代纺织工业起源于英国，兴起于美国、德国、法国，再转向日本，然后转移至亚洲新

兴工业化国家（韩国等）和地区（香港、台湾等），目前已完成了向以中国、印度、巴基斯坦等为代表的亚洲发展中国家的重心转移。

随着全球经济的发展和各国经济结构的变化，传统纺织工业正在从劳动密集型向技术密集型转变，发达国家资金技术优势和发展中国家劳动力优势的博弈，不断改变着世界纺织品生产和贸易的格局。在纺织工业的发展历史上，曾经历了三次比较明显的产业转移，如图1-4所示。纺织工业重心的转移是生产、贸易全球化过程中国际分工的必然结果。

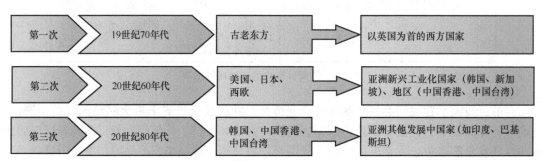

图1-4　纺织工业经历的三次产业转移

第一次纺织工业生产重心的转移发生在第一次工业革命（19世纪70年代）以后，当时纺织工业由古老东方转移至以英国为首的西方国家，作为先导产业，为西方工业发达国家的经济起飞起了开辟市场、培养人才、积累资金等重大作用。事实上，目前的世界发达国家当时大多都是以纺织服装工业起步。据记载，第一次世界大战后，英国棉纺锭数量就曾达到过创纪录的6330万锭，织机79.2万台，毛纺业也具全球的霸主地位，纺织品给英国流入了巨额资金。当时中国纺织工业落后英国100年，19世纪中后期东南沿海开始出现使用机器的纺织缫丝厂。经过一段时间的发展，到1895年中国已经有纺织厂79家、纱锭17.5万锭、织布机1800台和员工5万人。

第二次世界大战后，美国、日本、原联邦德国（西德）、意大利等国大力发展纺织工业。美国凭着其棉花资源的优势，棉纺锭数曾达到3600万锭，20世纪50年代纺织品生产技术和纺织机械水平就处于世界领先地位，同时凭着工业和技术优势，大力发展机械制造工业，并在化纤工业上开启了工业化生产的先河。1956年，日本的纺织工业产值一度占到国内工业生产总值的一半以上，出口占全国出口总额的34.4%；此后日本花费了大量的资金从国外引进130多项纺机先进技术，并投入巨额资金研究开发新型纺织机械，使日本纺织机械水平大幅度提高，1976年生产的纺织机械出口占79.7%。德国依靠其发达的机械加工业和化学工业，大力发展纺织机械业和染料工业，并不断更新纺织生产设备，很快成为纺织品和纺织机械出口大国，至今德国的纺机出口仍保持国际领先地位。意大利凭着本国在欧洲地区劳动力低廉的优势，重点发展毛纺、棉纺、服装工业，从20世纪70年代起很快成为欧洲的纺织服装工业中心。

20世纪70年代后，世界纺织工业生产重心开始转移到韩国、印度、中国香港、中国台湾等国家和地区，这是纺织工业生产重心的第二次转移。纺织工业为这些国家和地区经济的发展起了巨大的推动作用。至20世纪80年代末，世界上75%的纱锭在亚洲，其中：中国占30%，印度占23%，巴基斯坦和印度尼西亚各占10%；全球70%的纺机在亚洲。这表明当时全球纺织行业产业链的低端加工能力正在快速从发达国家向发展中国家转移。

第三次产业转移发生于20世纪80年代，即由韩国、中国香港、中国台湾向亚洲其他发展中国家转移。此后，中国纺织工业迅速崛起，至1994年中国纺织工业纤维加工量、纺织品和服装出口总额列居世界首位。2005 年中国正式加入 WTO 组织以后，更是凭借其极具竞争力的劳动力成本优势为世界的消费者提供了大量价格实惠的纺织产品。目前中国纱线、棉布、呢绒、丝织品、化纤、服装的生产量均是世界第一位，是世界最大的纺织品生产国和出口国。

三、中国纺织工业的重要地位

纺织工业是我国"十二五"期间战略性新兴产业的重要组成部分和都市时尚产业的重要推动力量，也是我国国民经济的传统支柱产业、重要的民生产业，以及国际竞争优势明显的产业。经过半个世纪的快速发展，目前我国已建成世界上规模最大、产业链最完整的纺织工业体系，在纺织设备规模、纺织品产量、纺织原料资源、纺织品服装出口总额等方面，都跃居世界前列，成为全球纺织品服装的第一大生产国和出口国，已成为当之无愧的"纺织大国"。

（一）纺织工业是我国重要的支柱性产业

纺织工业具有解决人民穿衣问题和促进相关产业发展的社会效益，又具有出口创汇的直接经济效益，是我国制造业的一个重要组成部分，在国民经济建设与国防建设中具有举足轻重的地位。2005～2010 年中国纺织工业相对全球比重如图 1-5 所示。

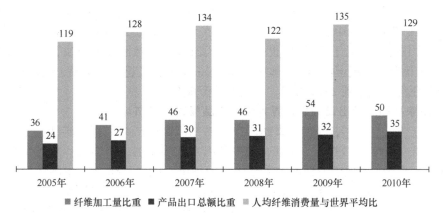

图 1-5 2005～2010 年中国纺织工业相对全球比重

随着纺织品贸易自由化以及中国加入 WTO，进一步增强了我国纺织品出口竞争力。从 2001～2010 年，纺织服装贸易顺差累计 11809 亿美元，占全国贸易顺差的 83.53％，见图 1-6。

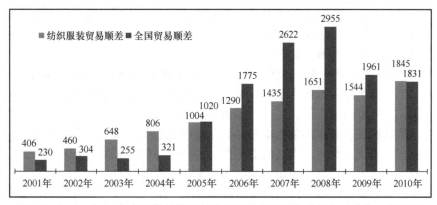

图 1-6 2001～2010 年中国贸易顺差与纺织服装贸易顺差的变化（单位：亿美元）

在 2006～2010 年间，虽然中国机电产品和新兴产业出口增长迅速，但纺织品服装贸易顺差累计仍达到 7765 亿美元，占全国的 69.68%。2010 年，纺织品服装贸易顺差更是达到 1845 亿美元，占当年全国贸易顺差的 100.76%，这都表明纺织品服装是国家的主要出口创汇产业，在我国国民经济中具有重要的战略地位。

（二）纤维原料资源在世界上占有很大比重

纺织原料包括天然纤维和化学纤维两大类。1995 年世界纺织工业纤维原料资源总量为 4150 万吨，其中天然纤维 2095 万吨、化学纤维 2065 万吨，各占一半左右。从 20 世纪 90 年代后期至今，这两大类纤维原料资源中国都居于领先地位。2010 年中国棉花产量达 670 万吨，占世界棉花总产量的 27%，居第一位。羊毛的生产，在 20 世纪下半叶以来也取得较大进展。2010 年全国羊毛产量 42 万吨，占世界羊毛总产量的 36%，仅次于澳大利亚，居世界第二位。黄、红麻产量达 100 万吨，仅次于印度和孟加拉国，居世界第三位。桑蚕茧产量一直居于世界首位，2010 年生产 57 万吨，占世界产量 40% 左右。羊绒、苎麻、兔毛、驼绒等纺织原料，则是中国具有优势的重要纺织原料资源，都在世界上占有很大比重。

世界化学纤维工业的萌芽出现于 20 世纪 30 年代。第二次世界大战后几十年间增长很快，特别是合成纤维。20 世纪 50 年代初期，世界化学纤维生产量为 168 万吨，占纺织纤维原料的 18%，其中再生纤维 161 万吨，合成纤维 6.9 万吨。到 2010 年，世界化学纤维产量已达 4622 万吨，其中，合成纤维达到 4298 万吨，占总量的 93%；再生纤维 324 万吨，只占 7%。化学纤维产量，美国曾长期居于首位，其次是日本、英国等，以后韩国、中国台湾发展也较快。中国化学纤维工业是 20 世纪 50 年代起步的，然而发展很快，后来居上，进入 20 世纪 90 年代后先是赶上法国、日本等国家，1996 年后又超过了美国，跃居世界第一位。2010 年中国化纤产量达到 2924 万吨，占世界总产量的 63% 左右。

（三）纺织品和服装出口额居世界首位，产品畅销国际市场

20 世纪上半叶，中国曾是西方发达国家倾销纺织品的天堂，那时洋纱、洋布充斥着中国的城乡市场。1949 年后的几十年间，随着纺织工业的发展，中国逐步从纺织品进口国转变为出口国，后来又发展成为世界上重要的纺织品出口国。1980 年，中国纺织品服装出口金额为 36 亿美元，占世界总额的 3.8%，居第十位。到 1997 年，中国纺织品服装出口额已突破 455 亿美元，占世界总额的 13%，全面超过美国、日本、德国、意大利等国家和地区，成为世界上最大的纺织品出口国家。2010 年，中国纺织品服装出口额达到 2065 亿美元，约占全球纺织贸易的 35.32%。

目前，中国纺织品和服装出口已遍及亚、美、欧、非、拉丁美洲、大洋洲等六大洲 100 多个国家和地区，出口产品结构也在发生变化。过去创汇最多的棉纱、坯布等初级产品出口比重在减少，高中档、深加工产品尤其是服装出口的比重在增加。世界驰名的中国丝绸长期畅销于国际市场，真丝产品的出口占世界出口总量的一半以上。化纤纺织品、呢绒、羊绒制品等在世界出口总量中也占有一定地位。

（四）纺织工业的科学技术和装备，同世界先进水平的差距正在逐步缩小

现代纺织工业诞生以来，技术装备不断发展和提高，一是提高设备的自动化程度，提高劳动生产率；二是开发新的产品，提高产品水平；三是降低消耗，节约能源，改善劳动条件和劳动环境，降低噪音，减少污染。中国纺织工业围绕这些要求，一方面对传统的纺织技术装备进行改造，采用优质材料，提高制造精度，并把电子技术和其他新兴技术应用到纺织业中来；另一方面，大力开发新型纺织印染技术，如采用转杯纺纱、喷气织机、剑杆织机等新型设备，开发织物防皱、免烫等特种后整理技术，开发化学纤维仿真技术，在服装业普遍采用计算机辅助设计等。特别是 20 世纪 80 年代以来，进一步重视科技工作，传统的纺织装备

水平普遍提高，大批新设备、新技术在生产中推广采用，取得了显著成绩。

经历一个多世纪的发展，目前中国纺织工业无论在总规模、总产量、出口总量等方面都居世界第一位，已成为一个举世公认的"纺织大国"。然而从总体上来说，中国纺织工业的整体水平还不够高，和一些发达国家相比，还存在一定的差距。面对日益激烈的国际纺织服装市场竞争，中国纺织工业要紧紧抓住发展现代纺织服装产业体系、提高产业核心竞争力这个中心环节，正确把握国内、国际两个大局，积极发挥科技进步和创新的重要支撑作用，建立强有力的纺织科技创新体系，加快纺织服装产业结构调整，努力实现从"纺织大国"到"纺织强国"的飞跃目标。

第四节　现代纺织工业的发展趋势

20世纪80年代以来，国际上主要发达国家明显增加了对纺织工业的投资，并对纺织工业进行了广泛的技术改造。由于生产工艺和技术设备的不断更新，使纺织工业由传统的"劳动密集型"产业向"资金技术密集型"产业转换。科学技术在实现纺织产业内升级中起着重要作用，世界纺织业技术发展的趋势普遍向自动化、连续化、电脑化的方向发展。当今在发达国家，无锭纺纱、无梭织布、化纤连续聚合直接纺丝、纺黏法直接成布等新技术已经在生产领域中普遍应用。由于"机电一体化"技术广泛渗透到各类纺织装备中去，不仅使纺织生产自动化和品质控制技术发生了根本性的变化，而且使纺织工业劳动生产率也得到大幅度的提高。

目前，科技进步和创新在纺织工业中的深化和拓展成为世界纺织业发展的鲜明特点，服装用纺织品正向着功能化、卫生保健化方向发展，装饰用纺织品正向着系列化、配套化、高档化方向发展，产业用纺织品正向着高强度、高模量、耐高温、防腐蚀等高性能化方向发展，从而使纺织产业链中各行业的面貌发生了根本性变化。

一、纤维制造业

纤维制造业整体技术将向高速化、差别化、超细化、功能化、复合化方向发展。化学纤维在整个纤维产量中的比例逐年增加，纤维单丝细度不断降低，合成纤维向着仿天然、超天然化发展，天然纤维则着力改善其抗蛀、防皱、防霉等性能。高新技术伴随着新产品的开发，以涤纶为代表的差别化纤维生产技术有了很大发展，已从最初的、以仿天然纤维为目的改变纤维的外观和手感，发展到目前超天然纤维性能的超仿真、超感性纤维。例如，日本东丽的 Sillook Royal 仿真丝纤维，日本钟纺的 Belina 超细纤维，日本东洋纺的 Biosil 抗菌纤维，日本三菱的 Gripy 芳香纤维，美国杜邦的 Lycra 弹力纤维，意大利的 Meraklon 高蓬松丙纶，英国考陶尔的 Tencel 新型黏胶纤维，这些都是国际市场上享有盛誉的新纤维品种。化学纤维近期发展的新技术，除了继续运用细旦和超细旦技术、多元差别化技术、聚合物改性技术外，引人注目的还有高技术复合纺丝，包括常规纺丝技术、超高速纺丝技术、高技术复合丝加工技术、新型纺丝混纤技术、各种渗混技术等。此外，还利用仿生技术来开发仿生纤维，生产生物降解型环保纤维；用遗传学技术改变麻纤维性能，改变棉花颜色；用细菌培养技术生产生物纤维素纤维等。

二、纺织染整业

纺织染整业加工技术发展方向主要分为两方面：复合纺织技术和印染后整理技术。复合纺织技术主要发展化学纤维的复合加工技术、天然纤维混纺交织与交并加工技术、天然纤维和各种化学纤维的混纺交织与交并加工技术、多层织物的复合技术等，此外，还可以差别化纤维，新合纤、常规纤维与天然纤维等为原料，运用混合、交络、交捻等技术进行组合和创新，获得特殊外观效果，如竹节丝、交络丝、包芯丝、多层丝、圈圈丝、螺旋丝、雪花丝等。而在印染后整理技术方面则突出自动化和环保特性。染化料具有短流程、无污染特点，印染厂则广泛采用无水加工技术、无制版印花技术、低温等离子处理等技术，通过高效的复合机制和先进的印染技术使得纺织加工过程流程更短、生产效率更高，产品性能更好。用先进技术对传统的纺织染整设备进行改造，利用提花、绣花、镂空、起绒、仿毛、仿麻、仿皮革、复合等各种织造技术，获得外观新颖的面料，或薄如蝉翼，或闪闪发光，或里面舒适保暖、外面防水透气，或一面是柔软的针织、另一面是逼真的仿皮。再利用先进的整理技术，如柔软整理、蓬松整理、起绉整理以及各种功能整理，赋予产品柔软、抗静电、阻燃、抗菌等性能。在生产上，对人们生活或生态环境造成危害的助剂将被淘汰（如偶氮染料、甲醛整理等），排污生产将被禁止，取而代之的是绿色（环保）生产技术。

三、服装制造业

21世纪服装潮流是追求高档和品牌，追求舒适、休闲、健康、功能、风格和艺术。服装制造业如今已进入品牌效益阶段，手段主要是利用网络技术来进行信息收集、产品设计和销售。服装CAD系统越来越普及，美国服装业中，超过50％的企业配备服装CAD，欧洲超过70％，日本则超过80％。目前，服装CAD已朝着CIMS（计算机集成制造系统）领域发展，许多著名品牌（如LECTRA）都拥有CIMS。CIMS包括了市场预测、产品设计、产品制造、生产管理及成品销售的全部活动，它不仅是物流、设备的集成，而且主要是信息的集成。CIMS可提高生产率30％～50％，缩短生产周期30％～60％，减少设计费用15％～30％，减少人工费用5％～20％，且能极大地改善和提高产品质量。CIMS集信息技术、计算机技术、自动化技术和现代管理技术为一体，已成为现代服装设计和生产的发展方向。

四、未来的纺织品

随着人民生活水平的提高，科学技术的蓬勃发展，以及石油化工、高分子科学、电子信息、生物工程等新技术、新工艺、新材料的迅猛发展，促进了纺织工业的重大进步。未来的纺织品（其中部分产品已问世）除供御寒、装饰用之外，还将愈来愈多地具有各种特殊功能，如卫生保健、安全防护、舒适易护理、娱乐欣赏等，以适应人们日益丰富的生活需求。纺织品也将不仅是服饰用料，家纺用料，还将更多地渗透到各项工程，如交通运输、航空航天、军事国防、农牧渔业、医疗卫生、建筑结构、体育用品、旅游休闲等各个领域中去，见图1-7。

图1-7　纺织品在建筑、卫生防护与航天领域中的应用

　　智能型纺织品又称机敏纺织品，它是指运用电子、生物、化学、化纤、纺织工程多学科综合开发的具有可选择性、高智慧化的纺织品。作为一种新出现的高科技产品，这种纺织品一经出现，即受到世界各国的重视。许多发达国家纷纷投入大量人力、物力进行重点研究，用以开发这种高科技纤维和制品，以抢占该类产品的国际市场。虽然目前大多数智能型纺织品成果仍仅限于实验室阶段，并没有实现产业化，但智能型电子纺织品在军事、经济上有着广阔的应用前景已经成为一个不争的事实。

　　将智能型技术融入现代纺织品是人们开发智能型纺织品的基本思路。实际上，各类与纺织面料流行设计、工商活动、农业、军事、医药或是通信、娱乐、健康及安全防护等相关的需求，均可列为智能型电子机能纺织品的应用范围。图1-8是电子娱乐产品应用于智能型服装的一个例子。

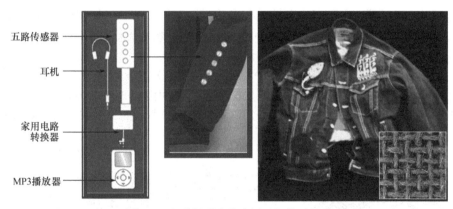

图 1-8　电子娱乐产品应用于智能型服装

　　与纳米纺织品开发类似，目前智能型纺织品的开发主要以材料技术为重点，再进行面料结构与产品应用功能设计而成，故它所发挥的特征多数来自于材料的交互式变化，例如：感压感温、形态记忆、变色（见图1-9）、温控及微分子释放等，其中的感测性纺织品除部分使用电子技术外，研发核心仍集中于高分子材料与纤维及智能织物。此类产品主要应用于环境变化的监控与响应上，包含温度、湿度、压力脉冲、生化毒气等。

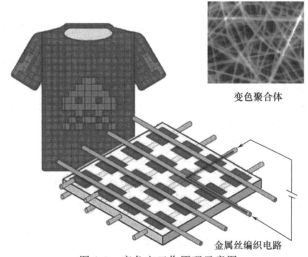

变色聚合体

金属丝编织电路

图 1-9　变色衣工作原理示意图

　　虽然目前大部分电子产品的外表都有硬壳保护，降低了携带的便利性，但是纺织业和电子产品业正积极谋求改善方法，使电子设备能容易地与纺织品结合，如使电子产品不断微小化，不只是利用缝合的方式附着在衣服上，更可以利用织造的方式，将具有传导性的光纤与一般纤维交织，从而变成具有感应装置的面料等。目前从汽车引擎、土工织物、建筑织物到个人保护用品都可看到纺织业在智能型纺织品创新研发上的骄人成果。

　　在未来某一天，用这些纤维纱线织成的衣服的色彩也许会根据人的心情或者环境的变化而变化，它的原理与光感眼镜镜片会在日光下变暗相似。这种纱线是用一种叫做电致变色聚合物的材料制成的，它是一种会随电流改变色彩的聚合物。该纱线能够达到这种效果的原因，是因为这种聚合物能够吸收一系列可见波长的光线。当电压达到一定程度，聚合物的电子会升到一个更高的能量级别，在这种状态下，纤维会吸收不同波长的光，色彩变化也会不同。

　　英国 Gorix 公司开发的智能型织物结构及服装，如图 1-10 所示。这种智能织物产品的技术性关键是织物经纬向纱线密度存有 10% 的差异，因此电流通过的不同方向将会有不同的加热行为。它的这种特性可用于开发测量感应温度系统，如将它加入消防人员所穿着的夹克背后，当火灾现场火舌喷出刚好在消防人员的背后时，Gorix 织物将可立即侦测出火源变化和活动情况，以某种警示信号通知受威胁的穿着者，使消防人员可实时避开火舌的危害。另外它也被应用于热铜人温度感应器上，用以测试防护服和运动休闲服的使用效果。

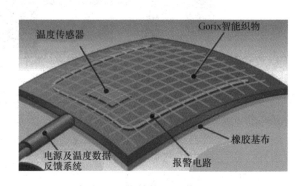

图 1-10　英国 Gorix 开发的智能型织物结构及服装

　　美国 Vivometrics 公司开发出称之为 LifeShirt^TM 的救命衫，它实际上是一种用来收集生理数据的可移动监护系统，如图 1-11 所示。在 LifeShirt^TM 织物系统中，埋藏有多个传感器、一台录音机、一个数码日记簿和数据处理软件等。其中传感器可检测病人呼吸和心脏的功能，感知人体所处的体位和体力活动的情况；电子日记簿可以记录患者的主观感受，例如情绪、症状和日常活动情况，并将探测到的信息与心脏和其他参数相联系，而所有这些都是在实验室和诊所之外完成的。上述收集到的信息将被存储于一台手持电脑中，并通过 Vivo-Logic^TM 软件进行处理分析。处理的结果将以简报或完整的高分辨率波形图的形式通过网络提交给医生。

　　近期 LifeShirt^TM 的发展方向是利用微机电系统或纳米机电系统，将侦测器的大小缩到纳米级，然后内织在衣服里。它既具有监视病人血压、心跳、心音等身体状况的功能，又可提供医疗人员病人身体生化信号的监控与治疗，例如监控心脏病病人身体内部的酶素浓度、糖尿病病人的血糖指数、痴呆症病人的胆固醇指数与氧化氮浓度等；不仅如此，它还能测量血液中某种特定药物的浓度，并透过内嵌在衣服里的小型注射器定时给药。事实上，病人只

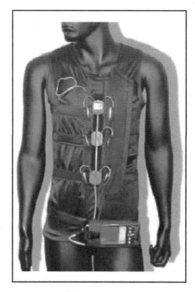

图 1-11　Vivometrics 公司的 LifeShirt^{TM}

要穿上 LifeShirt^{TM}，衣服内的微机电系统就会自动完成医生或医疗院所的部分工作。病人不必去医院，医生也不需要定期出诊，从而可节省大量的公共医疗资源。目前制约 LifeShirt^{TM} 发展的主要因素是使用不便与价格昂贵。

五、纺织工业发展展望

20 世纪 80 年代以来，高科技纺织品在整个纺织品市场中的比例不断增长。资料显示，最近 5 年发达国家高科技纺织品的市场份额增长了一倍多。在欧洲纺织品市场上，高科技纺织品的市场占有率已达 40％以上。目前一些高科技纺织品，如高性能纤维、高技术的产业用纺织品、特种医疗和保健用纺织品等已开始应用于国防、航空航天、军事、水利、汽车制造、医疗、农业等领域，然而更多的未知应用领域尚待开拓。

根据世界银行和国际货币基金组织预测，未来 10 年，全球纺织品贸易的年增长率将达 6％～8％。我国是世界上最大的纺织品出口国，占有 30％～40％左右的国际市场份额。随着国际纺织品贸易的增长，如果我国能够继续保持这一份额，我国纺织服装产品的出口还将有着较大的增长空间。

在今后很长一段时期，纺织工业仍将在中国国民经济中占有重要地位。诺贝尔经济学奖获得者、美国著名经济学家埃德蒙德·菲尔普斯教授对此深信不疑：**"中国纺织行业积累了很多经验，而且还将迎来新的进步。虽然在未来 20～30 年间，充满活力的中国经济可能会催生新的行业与现有行业形成竞争，但我不认为中国的纺织行业会消失，就像我不认为美国汽车行业会消失一样"**。

中国纺织行业经过多年的持续发展与 2008～2009 年全球金融风暴的洗礼，目前在国际市场上的竞争优势已十分明显，并具备了世界上最完整的产业链以及最高的加工配套水平。此外，众多发达的纺织服装产业集群地在应对国内外市场风险方面的自我调节能力不断增强，也给中国纺织行业保持稳健的发展步伐提供了坚实的保障。展望未来，中国纺织工业的发展前景无限光明。

思考题 ▶▶

（1）何为纺织品？纺织品是如何进行分类的？

（2）试写出纺织品的一般加工工艺流程。

实训题 ▶▶

（1）从报纸、杂志或网络中查阅3篇与纺织工业有关的文章，然后写成读书笔记（含以下内容）：

——文章出处；

——文章摘要，长度为一个自然段；

——谈谈你对我国纺织工业的了解与认识。

（2）市场调查，了解当地纺织企业的生产经营状况。

第二章
纺织纤维及其性能

本章知识要点：

1. 了解纺织纤维的概念及其分类；
2. 了解纤维结构与性能的关系；
3. 掌握天然纤维和化学纤维的种类、结构、性能以及新型纤维、差别化纤维、功能性纤维的概念及其特点；
4. 掌握纺织纤维的形态结构特征及其鉴别方法。

纤维是一种细长而柔软的材料，在自然界中具有这种特定形态的素材无处不在。例如，动物身上的毛纤维、桑蚕吐出的蚕丝、蜘蛛编网的蜘蛛丝、棉花苞中的棉纤维等都具有这种特征。细长而柔软的纤维与纤维会自然地集合、纠缠在一起，也会在外力或人工的作用下堆积、排列、取向，构成不同的纤维集合体，如纤维团、纤维网、纱线、绳索、织物、服装、包装袋、传送带等形形色色的纺织品。纤维也可以与其他类型的物质材料一起构成具有两相结构的复合材料。在生物体中也有大量的纤维存在，如蔬菜、木材中的纤维素，人体中的基因、神经，光导纤维在构筑互联网络世界中也发挥了重要的作用。在本章中我们重点介绍能够用于纺织加工的纤维材料。

第一节　纤维的定义及分类

一、纤维的定义

纤维是一种细长而且柔软的材料，它的直径较细，为几微米或几纳米，长度则为几毫米、几十毫米甚至上千米，细而长是纤维材料的主要几何形状特征。纤维还必须具有一定的模量、断裂强度、断裂伸长等力学性能。纤维同时还是一种柔软的材料。根据上述分析，纤维可以简单地定义为细长且具一定力学性能的柔性材料。

从广义的角度来看，纤维作为具有特定形状特征的材料普遍地出现在食品、生物材料、复合材料等各类材料中。从纺织工业（狭义）的角度来看，纤维材料主要是指能在纺织工业体系中加工并用于纺织产品生产的纤维，也称为纺织纤维材料，或简称为纺织材料。在本书中，"纤维材料"的含义与"纺织纤维材料""纺织材料"意义基本等同，主要是指可进行纺织加工、用于制作纺织品的纤维材料，一般须满足以下条件：①满足纺织产品使用功能的要求；②具有某些特定的物理和化学性能，可以进行物理和化学的加工；③生产成本较低，产量较大，能以较低的价格大量地供应纺织工业生产。

二、纤维的分类

纤维的种类很多，也有多种不同的分类方法。如果根据纤维的来源分类，可以分为天然纤维和化学纤维两大类。如果根据纤维的使用范围和场所来分类，可以分为服用纤维、家用（装饰用）纤维和产业用纤维。如果根据纤维的性能和功能来分类，可以分为常用纤维、高性能纤维和功能纤维。如果根据纤维的长度来分类，可以分为长丝纤维和短纤维。纤维的分类如表 2-1 所示。

表 2-1　纤维的分类

纺织纤维	天然纤维	植物纤维	种子纤维：棉、木棉等
			叶纤维：剑麻、蕉麻等
			韧皮纤维：苎麻、亚麻、大麻、黄麻、罗布麻等
		动物纤维	动物毛发：绵羊毛、山羊毛、牦牛毛、兔毛等
			腺分泌物：桑蚕丝、柞蚕丝、蓖麻蚕丝等
		矿物纤维	石棉
	化学纤维	再生纤维	再生纤维素纤维：黏胶纤维、天丝纤维、竹浆纤维、醋酯纤维等
			再生蛋白质纤维：大豆蛋白纤维、牛奶蛋白纤维等
		无机纤维	玻璃纤维、陶瓷纤维
			金属纤维：铜丝纤维、不锈钢纤维等
		合成纤维	涤纶、锦纶、腈纶、丙纶、维纶、氯纶、氨纶等

（一）天然纤维的分类

天然纤维可分为植物纤维、动物纤维和矿物纤维三大类。

1. 植物纤维

植物纤维是指从自然界生长的植物中提取的纤维，其中有从种子内采收的棉纤维，有从植物茎秆上剥取韧皮制得的韧皮纤维，也有用植物的叶制取的叶纤维。苎麻、亚麻、黄麻、大麻、罗布麻就是从相应植物的茎秆上剥取韧皮制得的韧皮纤维，剑麻、蕉麻等就是利用相应植物的叶子制得的叶纤维。

2. 动物纤维

动物纤维是利用动物的动物毛发或腺分泌物经过初步加工而制取的纤维，也称为动物蛋白纤维。羊毛是直接从羊体剪取而得的动物毛发。桑蚕丝是从茧子上抽丝而得到的。

3. 矿物纤维

矿物纤维是从纤维状结构的矿物岩石中获得的纤维，如石棉等。

（二）化学纤维的分类

化学纤维可分为再生纤维、合成纤维和无机纤维三大类。

1.再生纤维

再生纤维是用天然原料经过适当的化学处理经纺丝而得到的纤维，也称之为人造纤维。这类纤维是由天然物质加工制成，纺丝加工过程中化学组成和化学结构不变，所以称为再生纤维。

2.合成纤维

合成纤维是以人工合成的高分子化合物为原料，经纺丝成形而得到的纤维。人们在研究天然有机化合物（蛋白质、淀粉和纤维素等）的结构和性质时，建立了聚合物科学，将有机合成和纺织科学相结合，出现了合成纤维。合成纤维种类很多，常用的有涤纶、锦纶、腈纶、丙纶及氨纶等。

3.无机纤维

无机纤维是以矿物质为原料制成的化学纤维。主要品种有玻璃纤维、陶瓷纤维和金属纤维等。

第二节　纤维材料的结构及特点

一、纤维的形成

纤维是一种细长且具有一定强度和柔韧性的材料，一般可从下列结构特点来理解纤维的形成：

（1）细长而柔软的纤维材料是一种高分子化合物，它是由成千上万个结构相同的单体分子以化学键或极性分子间作用力结合形成的长链状分子组成。一般，每根纤维都由多根长链分子组成，这些由首尾相连的单体组成的长链状分子以有序或无序的方式堆砌、集合、排列构成了一根纤维。

（2）在纤维材料内部，以化学键或分子极性作用结合形成的分子链，可具有多种链状结构，如图 2-1 所示，组成纤维的长链分子可以是网状型、枝杈型和直线型等不同形态。

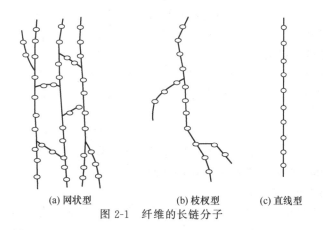

(a) 网状型　　　　　　(b) 枝杈型　　　　(c) 直线型

图 2-1　纤维的长链分子

（3）高分子化合物中含有单基的数目称为聚合度。天然纤维的聚合度，取决于纤维的生长条件和基因种类。化学纤维的聚合度则可以通过化合物的聚合工艺进行调节。普通化合物的相对分子量较小，一般在 1000 以下，而高分子化合物的分子量很大，大都在 10000 以上。

二、纤维材料的结构及结构层次

纤维材料的性能与其结构存在着对应关系，随着科学的发展和观测手段的进步，人们可以从不同的层面（如宏观、细观和微观）来认识材料的结构，并从不同的结构层面来揭示材

料的结构与性能的关系。在纺织科学与工程中，可以从纤维的形态结构、纤维的超分子结构、纤维的大分子结构等层面来认识纤维材料的结构以及结构与性能的关系，为科学、理性地进行纺织品的设计和加工提供科学依据。

（一）纤维的形态结构

不同品种的纤维，在纵向形态、横截面形态、表面形态方面存在一定差异，尤其是各类天然纤维都各自具有独特的形貌特征。通过显微放大观察，就可获得各种纤维的微细结构特征，以此可以作为判别不同纤维并进行纤维鉴别的信息。如图 2-2 所示，分别为麻纤维、棉纤维、蚕丝纤维、羊毛纤维、羊绒纤维、涤纶的外观形态照片。

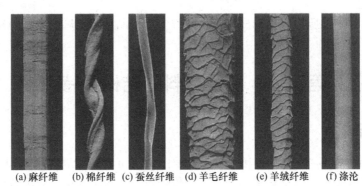

(a)麻纤维　(b)棉纤维　(c)蚕丝纤维　(d)羊毛纤维　(e)羊绒纤维　(f)涤纶

图 2-2　各类纤维的外观形态照片

纤维的形态特征主要包括以下几个方面。

①纤维的外形尺度：指纤维的长度、细度；②纤维的纵向形态：纤维纵向呈自然伸直状态还是具有自然的卷曲、转曲等形态；③纤维的表面形态：纤维表面是光滑的还是有凹凸不平的微坑、沟槽、鳞片等形态；④纤维的截面形状：纤维截面是圆形截面、异形截面及其他不规则截面形状等；⑤纤维的截面结构：如纤维的皮芯结构、复合结构、羊毛的双侧结构、棉纤维的日轮等；⑥纤维的三维空间分布结构：如纤维中的缝隙和孔洞等。

（二）纤维的超分子结构

纤维的超分子结构又称为纤维材料的聚集态结构，或凝聚态结构。它是指高分子材料中大分子堆砌和排列的状态，主要包括大分子间的作用力、凝聚态结构和大分子的取向。

1.分子间的作用力

纤维大分子的分子之间距离在一定范围时，相互之间表现出来的主要是吸引力。这种吸引力能使相邻的大分子保持稳定的相对位置和较牢固地结合。纺织纤维大分子之间是依靠范德华力和氢键结合的，此外还有盐式键和化学键。

2.纤维大分子的凝聚态结构

纺织纤维大分子的凝聚态有着复杂结构，通常将其简单地分为两类，即结晶态和非结晶态。我们把纺织纤维中大分子排列整齐有规律的状态称为结晶态，呈现结晶态的区域叫做结晶区。反之，纺织纤维中大分子排列呈杂乱无章的状态称为非结晶态，呈现非结晶态的区域叫做非结晶区。结晶区中的大分子排列比较整齐密实，缝隙孔洞较少，水分子和染料分子难以进入结晶区。而非结晶区中的大分子排列比较紊乱，堆砌的比较疏松，密度较低，有较多的缝隙和孔洞，水分子和染料易于进入非结晶区。纺织纤维中结晶区部分的质量占整个纤维质量的百分比称为纤维的结晶度。结晶度越高，纤维的模量或断裂强度就越高。

3.纤维大分子的取向与取向度

在拉伸力作用下，纤维内大分子有沿纤维轴向平行排列的趋势，我们把这种现象称为纤维大分子的取向。大分子主轴方向与纤维轴向的平行程度称为纤维大分子排列的取向度。当取向度较高时，纤维的拉伸断裂强度就比较高。天然纤维的取向度与纤维的品种、生长条件有关。化学纤维的取向度主要取决于纺丝——拉伸过程中纤维的拉伸倍数，拉伸倍数大时，纤维的取向度就较高。如图 2-3 所示为具有不同取向度和结晶度的纤维超分子结构。

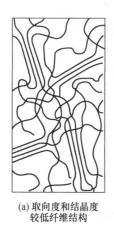
(a) 取向度和结晶度
较低纤维结构

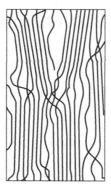
(b) 取向度和结晶度
较高纤维结构

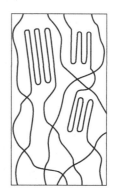
(c) 大分子折叠
结晶纤维结构

图 2-3 纤维的超分子结构

（三）纤维的分子结构

高聚物大分子都是由许多相同或相近的单基经过化学键或极性分子间的作用力结合而形成的长链分子。由于纤维材料的分子量很大，约在一万以上，因而被称为"大分子"或"高分子"。在大分子的长链中反复出现的单体被称为大分子的基本链节（或称为单基或基本单元）。纺织纤维的单基随纤维品种不同而不同，如：纤维素纤维的单基是 β—葡萄糖剩基；蛋白质纤维大分子的单基是 α—氨基酸剩基；涤纶的单基是对苯二甲酸乙二酯；丙纶的单基是丙烯；维纶的单基是乙烯醇缩甲醛。纤维大分子的通式可简约表达为：A/—A—A—A—……—A—A—A—A//，式中 A/、A// 为分子的端基，A 为单基。如锦纶分子式为：

$$\cdots \left[\begin{matrix} H \\ N \end{matrix} -(CH_2)_5- \begin{matrix} O \\ C \end{matrix} \right] \left[\begin{matrix} H \\ N \end{matrix} -(CH_2)_5- \begin{matrix} O \\ C \end{matrix} \right] \left[\begin{matrix} H \\ N \end{matrix} -(CH_2)_5- \begin{matrix} O \\ C \end{matrix} \right]$$

单基的化学结构、官能团的种类决定了纤维的耐酸、耐碱、耐光以及染色等化学性能。例如：腈纶的单基中含有氰基，所以它的耐光性好。大分子上亲水基团的多少和强弱，影响着纤维的吸湿性，如羊毛纤维分子结构中含有大量的亲水基团，所以它的吸湿性能较好。氯纶大分子中含有卤素基，故有助于提高氯纶的难燃性。同时，分子极性的强弱影响着纤维的电学性质。大分子上的原子可以围绕联结键进行一定程度的内旋转，内旋转的难易程度决定了大分子的柔曲性。

如果一个大分子中单基重复的次数或其聚合度为 n，则聚合度为 n 的大分子的分子量 M 等于其单基的分子量与聚合度 n 的乘积。构成纺织纤维的材料一般都为高分子材料，其聚合度是比较大的。制造化学纤维的高分子材料，其聚合度可以人为地进行设计与控制。

（四）纤维的组成及分解

按纤维结构层次理论，提出纤维结构分为三个层次，即从微观到宏观可分为分子结构、超分子结构、纤维形态结构，可从这三个层面研究结构与性能的问题。但并未回答分子是如何组合在一起逐渐演变成纤维的？或者，纤维是怎样一步步分解，最终分解成线性大分子的？经过很多实验，可以认为纤维是由微原纤构成的，微原纤则进一步可分解为基原纤，基原纤进一步分解为大分子，图 2-4 反映了由微原纤分解为大分子的过程。

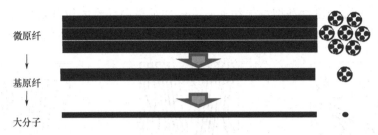

图 2-4　由微原纤分解为大分子的过程

反过来，也可以认为线性大分子相互堆砌形成基原纤，基原纤再相互堆砌形成微原纤，微原纤相互堆砌构成了纤维。大多数的纤维材料基本按照图 2-5 所示的堆砌方式，由大分子堆砌成为微原纤，再由微原纤堆砌为纤维。

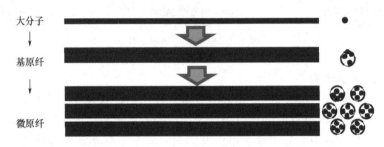

图 2-5　由大分子堆砌成为微原纤的过程

由于不同纤维材料其大分子结构以及分子间相互作用力的强弱存在差异，所以由大分子逐级组合成纤维的层次各有不同，最多可作如下六个组成层次的划分：

（1）大分子：由各种单基组成的不同聚合度的线型大分子，在纤维中一般具有相对稳定的三维空间几何形状，有的大分子呈锯齿形，有的呈波浪形，有的呈螺旋形。

（2）基原纤：由几根线型大分子相互平行，按一定距离、一定位相、一定相对形状比较稳定地结合在一起，形成结晶结构的细长的大分子束，其直径为 1～3nm。

（3）微原纤：微原纤是由若干根基原纤平行排列在一起成为较粗的、基本上属于结晶态的大分子束。微原纤内的基原纤之间存在一些缝隙和孔洞，也可能掺填一些其他分子的化合物。微原纤一方面靠相邻原纤之间的分子间结合力联结，另一方面也靠穿越两个基原纤的大分子主链将两个基原纤联结起来，微原纤的横向尺寸约为 4～8nm。

（4）原纤：原纤是由若干根微原纤基本平行地排列结合在一起形成的更粗的大分子束，原纤中存在着比微原纤中更大的缝隙、孔洞和非结晶区，也可能存在一些其他分子的化合物。微原纤之间依靠相邻分子的结合力和穿越的大分子主链来联结，横向尺寸 10～30nm，在一根原纤上可能出现许多段由非结晶区间隔开来的结晶区。

（5）巨原纤：巨原纤是由原纤基本平行地堆砌而形成的更粗的大分子束，在原纤之间存在着比原纤中更大的缝隙、孔洞及非结晶区，原纤之间主要靠穿越非结晶区的大分子主链和一些其他物质来联结，一部分多细胞的天然纤维中，巨原纤可能就是一个细胞。

（6）纤维：纤维由巨原纤堆砌而成，在巨原纤之间存在着比巨原纤更大的缝隙和孔洞，巨原纤之间的联结也更疏松一些，有的纤维甚至要靠其他物质如多细胞纤维的胞间物质来联结。

不同种类的纤维材料，其组成（或分解）层次并不相同。一般来说。经历层次较多的纤维，其结构较为疏松。而经历层次较少的纤维，其结构较为紧密。

第三节　纤维材料的形貌结构及其表达

细长而柔软的纤维材料其空间形貌可用纤维的长度、粗细、截面形状、表面形态、纵向卷曲形态等参数来表达，我们将这些参数称为表达纤维形貌特点的形态结构特征参数。

一、纤维的长度

纺织纤维的长度可以是单纤维的长度，也可以是一束纤维或纤维集合体中所有纤维的平均长度。如果是长丝或单纤维的长度，则是指它在低张力（不产生弹性变形）条件下沿长度方向的伸展长度，即纤维伸直但不产生伸长时的长度。按照纤维长度可以简单地把纤维分类为长丝纤维和短纤维。大多数天然纤维都是短纤维，只有桑蚕丝是长丝。天然短纤维的长度是在一定范围内随机分布的。在进行纺织纤维的加工和贸易过程中，需要用纤维集合体内所有纤维的平均长度及其分布来对纤维长度进行描述。如果是束纤维或纤维集合体，为了直观易懂和方便测量，一般使用主体长度、平均长度、品质长度来表示纤维的长度。主体长度是指一批纤维中含量最多的纤维的长度。在工商贸易中，一般采用主体长度作为纤维的长度指标。平均长度是指纤维长度的平均值，一般用重量加权平均长度来表示。品质长度是指比主体长度长的那一部分纤维的重量加权平均长度，用来确定纺纱工艺参数时采用的纤维长度指标。

天然纤维中蚕茧抽取的桑蚕丝是长丝，由高分子材料经纺丝得到的化学纤维是长丝纤维。对于化学纤维来说，用等长切断方法可以制造各种长度规格的化学短纤维。如棉型化学短纤维长度在 28～40mm，毛型化学短纤维长度在 51～150mm，中长型化学短纤维长度在 45～65mm。等长化学短纤维的长度均匀性总体上较好，但也有一定差异，存在少量的超长、倍长纤维。用牵切法制造的不等长化学短纤维，其纤维长度分布与天然纤维类似，纤维长度差异比较明显。

二、纤维的细度

纺织纤维的细度是表征纤维截面尺度或粗细程度的物理量。由于纤维截面的直径、周长、面积以及纤维沿长度方向分布的线密度都与纤维的粗细度密切相关，所以从理论上来说，可以用纤维截面的直径、周长、面积及线密度来表示纤维的粗细度。

下面介绍几种常用的度量纤维粗细度的计算方法及单位。

1. 线密度 Tt（tex）

线密度是指在公定回潮率条件下，1000m 长度纤维所具有的质量克数。一般棉纤维、化学纤维的短纤维习惯用线密度来表示纤维的粗细。特克斯是法定的线密度计量单位，一般线密度越大，纤维越粗；反之，线密度越小，纤维越细。

2. 纤度 D（旦）

纤度是指在公定回潮率条件下，9000m 长度纤维所具有的质量克数。蚕丝、化学纤维长丝习惯于用纤度表示纤维的粗细。一般纤度越大，纤维越粗；反之，纤度越小，纤维越细。

3. 公制支数 N_m（公支）

公制支数指在公定回潮率条件下，质量为 1g 的纤维所具有的长度米数。目前国内习惯用公制支数表示毛纤维的粗细。对于同一种纤维材料，公制支数越高，表明纤维越细；反之，公制支数越低，表明纤维越粗。

4. 英制支数 N_e（英支）

英制支数是指在公定回潮率条件下，质量为 1 磅的棉纤维所具有长度（码数）为 840 的倍数。目前国内习惯用英制支数表示棉纤维的粗细。对于同一种纤维材料，英制支数越高，表明纤维越细；反之，英制支数越低，表明纤维越粗。

5. 直径（μm）

如果纤维截面形状接近于圆形，可以用投影法测量纤维的直径，来表示纤维粗细。

纺织纤维的种类繁多，不同纤维的线密度平均值及变异系数的变化范围都比较大。天然纤维的线密度与其纤维品种、品系、生长条件等因素有关，即便是同一根纤维，其不同部位的线密度值依然存在差异，如棉纤维中段最粗、梢部最细、根部居中。按照产品要求，化学纤维的线密度是可以控制的，如棉型化学短纤维的线密度一般在 1.67dtex 左右，毛型化学短纤维的线密度在 3.33dtex 以上，中长型化学短纤维的线密度在 2.78～3.33dtex。常规化学纤维粗细均匀，线密度变异系数很小。为了改善化纤产品的服用性能和风格，在化纤长丝中出现了混纤丝、竹节丝等新型纺织原料，其纤维线密度变化呈现出多样性。

三、纤维的纵向形态

细而长的纤维在自然状态下沿纵向所呈现出的伸直、卷曲或转曲的状态，如图 2-6 所示。

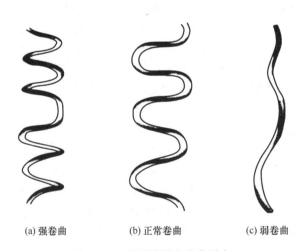

(a) 强卷曲   (b) 正常卷曲   (c) 弱卷曲

图 2-6　细长纤维纵向卷曲形态

四、纤维的截面形态

利用切片器可以将纤维沿截面切开，并通过显微镜观察纤维截面的形状以及内部质量分布的情况，如图 2-7 所示。

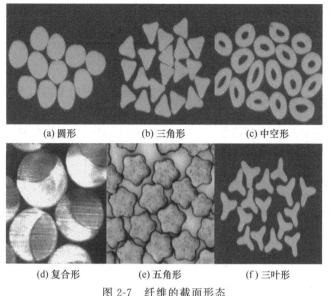

(a) 圆形　　　(b) 三角形　　　(c) 中空形

(d) 复合形　　　(e) 五角形　　　(f) 三叶形

图 2-7　纤维的截面形态

五、纤维的表面形态

纤维表面形态和空间结构的形貌是纤维材料重要的形貌特征，图 2-8 所示为纤维的表面形态。

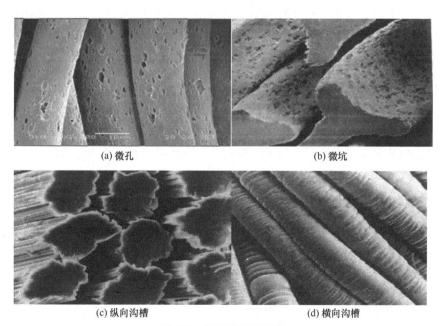

(a) 微孔　　　　　　　　　(b) 微坑

(c) 纵向沟槽　　　　　　　(d) 横向沟槽

图 2-8　纤维的表面形态

第四节　纤维材料的拉伸力学性能

纺织用纤维在其产品加工、使用过程中受到各种形式外力的作用，如拉伸、弯曲、扭转、压缩、摩擦等。纺织纤维的力学性能是确定其纺织加工工艺条件的重要因素之一，也是决定其最终产品使用价值和用途的重要依据之一。

表征纺织纤维力学性能的指标有断裂强力、断裂强度、断裂伸长率、初始模量、断裂功和断裂比功等。

一、断裂强力和断裂强度

纺织纤维的断裂强力指纤维由拉伸开始至断裂过程中所承受的最大负荷，单位为 cN。纺织纤维的断裂强度是断裂强力与纤维线密度的比值，单位为 cN/dtex。

二、断裂伸长率

纺织纤维的断裂伸长率是指纤维由拉伸开始至断裂时的绝对伸长值与试样夹持距离之比的百分率。断裂伸长率是反映纤维受力之后变形能力高低的力学指标。

$$断裂伸长率=\frac{L-L_0}{L_0}\times 100\%$$

式中　L——拉伸至断裂时纤维的绝对伸长值，mm；

L_0——试样夹持距离或纤维试样原长，mm。

三、初始模量

理论上杨氏模量为应力与应变的比值，弹性体的杨氏模量值在弹性范围内是恒定的。纺织用纤维多为粘弹体，其拉伸曲线呈现非线性变化的特性，即在整个拉伸过程中纤维模量是变化的。因此，纺织上习惯用初始模量表征纤维在小负荷作用下的变形难易程度。在数值上，初始模量为纤维应力——应变曲线起始段（1%应变处）直线部分切线的斜率。

四、断裂功和断裂比功

纤维的断裂功指纤维由拉伸开始至断裂过程中外力所做的功，即拉断纤维所需的能量，在数值上为负荷一伸长曲线与横坐标所包围的面积。断裂功与纤维的抗疲劳性能、抗冲击性能、耐磨性等机械性能有关。断裂比功指拉断单位线密度、单位长度纤维所需的能量，在数值上为应力一应变曲线与横坐标所包围的面积。断裂比功为相对性力学指标，可以对不同纤维作相对比较。

五、纤维材料的弹性

纤维在外力作用下将产生一定的变形，而去除外力后纤维的变形并不能够完全回复，根据这一特性可以将纤维的变形分为两种基本类型，即弹性变形和塑性变形。

（一）弹性变形

弹性变形指当引起变形的外力去除后纤维能够回复的那一部分变形。由于纺织纤维具有黏弹性的特点，因此纤维变形的回复程度与时间有关，根据纤维变形回复时间的长短，又可以将弹性变形分为两种情况，一种是急弹性变形，即当引起变形的外力去除后，纤维能够立即回复的那一部分变形；另一种是缓弹性变形，即当引起变形的外力去除后，纤维需要经过较长时间才能缓慢回复的那一部分变形。

（二）塑性变形

塑性变形指当引起变形的外力去除后，纤维不能够回复的那一部分变形。纺织纤维弹性的优劣对纺织工艺及最终产品服用性能影响较大。通常，锦纶、羊毛、涤纶和腈纶的弹性较

好，氨纶的弹性是纺织纤维中最好的，棉、麻、丝、黏胶纤维的弹性都比较差。吸湿会使纺织纤维的弹性降低，受到外力时容易产生不可回复的意外变形。表征纤维弹性的物理指标是弹性回复率，其计算公式如下：

$$弹性回复率＝\frac{弹性变形}{总变形}×100\%$$

第五节　纤维材料的吸湿性能

通常，把纤维材料从大气中吸收水分或向大气放出水分的能力称为吸湿性。纺织纤维吸湿的原因可以归结为三个方面：（1）纤维大分子中存在着一定数量的亲水基团，纤维能够通过亲水基团的极化作用而吸收水分；（2）纤维内部存在着一定数量的微孔或缝隙，纤维能够通过毛细管效应吸收水分；（3）纤维能够通过其表面的吸附作用而吸收水分。

纤维材料的吸湿性能一般用以下吸湿指标来表达。

一、回潮率和含水率

纤维材料的吸湿高低以回潮率（W）表示，它等于纺织材料所含有的水分（$G-G_0$）与其干燥质量（G_0）之比。原棉在销售过程中为了表达棉花在吸湿状态下水分的含量情况，往往使用含水率（M）指标，它等于纤维材料所含有的水分（$G-G_0$）与其湿质量（G）之比。

二、标准回潮率和公定回潮率

纤维材料回潮率的测定方法主要采用烘箱法，其测试结果又与纤维的取样方法、大气温湿度、试样平衡条件、烘燥温度、称量等测试条件有关。同一种纤维材料在不同测试条件下测得的回潮率结果并不相同。为了准确测定纺织材料的回潮率，以便于对各种纤维材料的吸湿性进行比较，回潮率测定必须按照其试验方法所规定的试验条件和试验程序进行。其中，回潮率试验用一级标准大气条件规定为：温度 20℃±2℃，相对湿度 65%±2%。在国内外贸易中，为了对纺织材料（如纤维、纱线和织物）准确计重、合理计价，各国和国际标准化机构都以颁布实施标准的方式，统一规定了纺织材料的回潮率，即公定回潮率。我国国家标准规定的各种纺织材料的公定回潮率见表2-2。

表 2-2　我国国家标准规定的各种纺织材料的公定回潮率

纺织材料	公定回潮率/%	纺织材料	公定回潮率/%
原棉	10（含水率）	苎麻、亚麻、大麻、罗布麻、剑麻	12.0
棉纱线、棉缝纫线	8.5		
棉织物	8.0	黄麻	14.0
洗净毛（异质毛）	15.0	桑蚕丝、柞蚕丝	11.0
洗净毛（同质毛）	16.0	黏胶纤维、铜氨纤维、富强纤维	13.0
兔毛、驼毛、牦牛毛	15.0	醋酯纤维	7.0
分梳山羊绒	17.0	锦纶(6,66,11)	4.5
精纺毛纱	16.0	涤纶	0.4
粗纺毛纱	15.0	腈纶	2.0
绒线、针织绒线、羊绒纱	15.0	维纶	5.0
毛织物	14.0	丙纶、氯纶、偏氯纶	0
长毛绒织物	16.0	氨纶	1.3

第六节　纤维材料的热学性能

一、纤维材料的比热容

纤维材料的比热容是指单位质量纤维材料在温度变化1℃时吸收或放出的热量。纺织纤维的比热容一般在1.21～2.05J/（g·℃），锦纶的比热容较大，为2.05J/（g·℃）；棉纤维的比热容较小，为1.21～1.34J/（g·℃），当温度上升或回潮率增大时，纺织纤维的比热容相应增大。

二、纤维材料的相转变

纤维材料受热之后，其内部结构将随着温度升高而逐渐发生变化，并引起纤维物理状态及性能的改变，在高温条件下，纤维材料可以被分解。通常，热塑性纤维（如涤纶、锦纶等）在受热升温过程中会出现三种不同的物理状态变化，即玻璃态、高弹态和黏流态。

1.玻璃态

当温度较低时，纤维分子热运动的能量较低，尚无法克服阻碍分子链内旋转的势能，不能激发起分子链段的运动，因此分子链段和整个大分子的运动都处于冻结状态。此时受外力作用，纤维只能通过其非晶区分子键长、键角的变化而产生很小的变形，外力去除后变形又立刻回复，具有一般固体材料的弹性变形特点，这种物理状态被称为玻璃态。

2.高弹态与玻璃化转变温度

当温度继续升高，纤维材料的分子热运动能量增大到足以克服阻碍分子链内旋转势能时，分子链段运动开始激发，可以通过内旋转改变分子的构象，部分分子链段可以产生滑移，但整个大分子运动仍然处于被冻结状态。此时受外力作用，纤维能够通过其分子链内旋转和链段运动产生较大的变形，纤维分子链被强迫伸直，整个分子不产生位移。外力去除后，被强迫伸直的分子在一定时间内又能通过分子链内旋转和链段运动回复到原来的状态，纤维变形也随之回复。在这种状态下，纤维材料在一定范围内可以产生较大的弹性变形，被称为高弹态。我们把纤维材料从玻璃态向高弹态转变的温度称为玻璃化转变温度（T_g）。

3.黏流态与流动温度（熔点）

随着温度进一步升高，纤维分子热运动的能量进一步增大，并达到整个分子运动所需要的能量，此时不仅分子链段可以运动，而且整个分子链开始运动，纤维材料由固体逐渐变为黏性流动的液体。此时受外力作用，纤维材料发生黏性流动，所产生的变形是不可逆的，这种物理状态被称为黏流态。而我们把纤维材料由高弹态转变为黏流态的温度称为流动温度，即熔点。

4.热分解点

高温条件下，纤维材料将产生化学分解，我们把纤维材料产生化学分解所需的温度称为分解点。纤维材料的热转变温度见表2-3。

表2-3　常规纤维材料的热转变温度

纺织纤维	玻璃温度/℃	软化点/℃	熔点/℃	分解点/℃
棉	—	—	—	150
羊毛	—	—	—	130
蚕丝	—	—	—	235
黏胶纤维	—	—	—	260～300

纺织纤维	玻璃温度/℃	软化点/℃	熔点/℃	分解点/℃
锦纶 6	45～70	180	215～220	—
锦纶 66	45～80	225	255	—
腈纶	$T_{g1}=80～100$ $T_{g2}=140～150$	190～240	—	280～300
涤纶	67～81	240	258～264	—
维纶	85	干态:220～230 水中:110	—	—
丙纶	−18	145～150	163～175	—
氯纶	70～80	90～100	190～210	—

三、纤维材料的热定形

纤维材料内应力的存在对纺织加工将产生不利影响，也影响最终产品的尺寸和形态稳定性，因此在纺织加工中必须对纤维、纱线或织物进行热定形，即通过热、湿、外加张力等综合作用，使纤维材料在较短时间内消除内应力的工艺加工过程。由于纤维材料的结构和物理性能不同，所采取的工艺措施并不完全相同，有汽蒸、干热定形（如热风）等定形方法，是否需要外加张力应根据具体的定形工艺要求确定。

四、纤维材料的热收缩

合成纤维受热后长度将产生收缩，即热收缩。虽然合成纤维生产过程中已对纤维做了热定形加工，纤维内应力大部分被消除，但仍然残留着少部分内应力，一旦在纺织加工或产品使用过程中受到热的作用，合成纤维依然会出现热收缩现象。合成纤维因热收缩引起的尺寸变化可以用热收缩率表示，其计算公式如下：

$$热收缩率=\frac{试样原始长度-热处理后试样长度}{试样原始长度}×100\%$$

测定合成纤维热收缩率时，处理试样的方式有：沸水处理、饱和蒸汽处理和干热空气处理。一方面，由于合成纤维具有潜在的收缩能力，因此在纺织生产中必须考虑到热收缩对生产工艺和产品质量的影响，热收缩率及其变异系数过大会降低织物质量，如布面不整、门幅不齐、经纬密度和单位面积质量的偏差过大等。另一方面，可以充分利用合成纤维的热收缩特性，例如通过原料组合、织物组织设计或采用热轧等方法，可以使织物表面产生绉效应、起绒效应或泡泡效应。

第七节　天然纤维简介

一、棉纤维

棉纤维来自于被称为"棉花"的植物，棉花是离瓣双子叶植物，属锦葵目锦葵科木槿亚科棉属。我国是世界上的主要产棉国之一，棉花种植几乎遍布全国，棉花产量已经进入世界前列。我国也是棉纤维加工与消费大国，棉纤维作为纺织工业的主要原料占天然纤维加工量的 75% 以上，在纺织纤维中占很重要的地位。

（一）棉纤维的组成

棉纤维的主要成分是纤维素，正常成熟的棉纤维，基纤维素含量约为94％，纤维素是天然高分子化合物，纤维素的化学结构式由 α 葡萄糖为基本结构单元重复构成，其元素组成为碳44.44％、氢6.17％、氧49.39％，棉纤维的聚合度在6000～11000之间。

棉纤维中除去纤维素外还有剩余不到6％的部分是由多缩戊糖、蜡质、蛋白质、脂肪、水溶性物质、灰分等伴生物构成，伴生物的存在对棉纤维的加工使用性能有较大影响，棉蜡使棉纤维具有良好的适宜于纺纱的表面性能，但在棉纱、棉布漂染前要经过煮炼，除去棉蜡，以保证染色的均匀。糖分含量较多的棉纤维在纺纱过程中容易绕罗拉、绕皮辊等。过去棉纺厂采用蒸棉稀释糖分或用糖化酶与鲜酵母的水溶液喷洒以降低糖分。目前采用由润滑剂、抗静电剂、乳化剂等组成的消糖剂喷洒棉纤维来解决含糖问题的方法较普遍。

（二）棉纤维的分类

按棉花品种分类可分为：细绒棉（陆地棉）、长绒棉（海岛棉）和粗绒棉（亚洲棉、草棉）。根据棉花物理形态的不同，分为籽棉和皮棉，棉农从棉株上摘下的棉花叫籽棉，籽棉经过去籽加工后的棉花叫皮棉，通常所说的棉花产量，一般指的是皮棉产量。根据加工用机械的不同，棉花分为锯齿棉和皮辊棉，锯齿轧花机加工出来的皮棉叫锯齿棉；皮辊轧花机加工出来的皮棉叫皮辊棉。按棉花色泽分类可分为：白棉、黄棉、灰棉。白棉属正常成熟、正常吐絮的棉花，其色泽呈洁白、乳白或淡黄色，是棉纺厂主要使用的原料；黄棉属棉铃经霜冻伤后枯死的棉花，其色泽发黄，属低级棉，棉纺厂少量使用；灰棉属雨量多，日照少，温度低，使纤维成熟受到影响的棉花，颜色呈现灰白，灰棉强力低、质量差，棉纺厂很少使用。

（三）棉纤维的形态结构

在显微镜下观察棉纤维形态如图2-9所示，棉纤维纵向呈扁平的转曲带状，封闭的一端尖细，生长在棉籽上的一端较粗且敞口。棉纤维的横断面由许多同心层组成，主要有初生层、次生层、中腔三个部分。

果胶物质
蜡质

图2-9　棉纤维横截面结构和纵向形态

1.初生层

是棉纤维的外层，即纤维细胞的初生部分。初生层的外皮是一层蜡质与果胶，表面有深深的细丝状皱纹。初生层很薄，纤维素含量不多。纤维素在初生层中呈螺旋形网络状结构。

2.次生层

棉纤维的初生层下面是一薄层次生细胞，由微原纤紧密堆砌而成。微原纤与纤维轴呈螺旋状排列，倾斜角在 25°～30°。在这一层中，几乎没有缝隙和孔洞。次生层是棉纤维在加厚期淀积形成的部分，几乎都是纤维素。由于每日温差的原因，大多数棉纤维逐日淀积一层纤维素，故可形成棉纤维的日轮。纤维素在次生层中的淀积并不均匀，但均以束状小纤维的形态与纤维轴倾斜呈螺旋形，并沿纤维长度方向形成转向，这是棉纤维具有天然转曲的原因。次生层的发育情况取决于棉纤维的生长条件、成熟情况，它能决定棉纤维主要的物理性质。

3. 中腔

棉纤维生长停止后，胞壁内遗留下来的空隙称为中腔。同一品种的棉纤维，中段初生细胞周长大致相等。当次生胞壁厚时，中腔就小；次生壁薄时，中腔就大。当棉铃成熟而裂开时，棉纤维截面呈圆形，中腔亦成圆形，中腔截面相当于纤维截面积的 1/2 或 1/3. 当棉铃自然裂开后，由于棉纤维内水分蒸发，纤维胞壁干涸，棉纤维截面就呈腰圆形，中腔截面也随之压扁，压扁后的中腔截面仅为纤维总面料的 10％左右。

（四）棉纤维的性能

1. 棉纤维的长度

根据棉花品种不同，棉纤维的长度也不同，通常细绒棉的手扯长度平均为 23～33mm，长绒棉为 33～45mm。棉纤维长度是确定其纺纱工艺及产品规格、品质的重要因素之一，长度较长的棉纤维适合纺低特纱线。棉纤维长度检验有手扯法和仪器检测法两种，业务检验一般使用手扯法，工艺试验多采用仪器检测法，也可以用排图法测量棉纤维长度。通过仪器检测，可以获得棉纤维主体长度、品质长度、基数、均匀度、短绒率等长度指标，棉纤维主体长度与手扯长度较为接近。

2. 棉纤维的线密度

棉纤维的线密度与其纤维品种及成熟度有关，还是决定纺纱特数与成纱品质的主要因素之一，并与织物手感、光泽等有关。正常成熟的棉纤维，细绒棉的线密度为 1.54～2.00dtex，长绒棉为 1.18～1.43dtex。一般，纤维线密度越小，纤维越细，同样规格纱线内包含的纤维根数越多，成纱强力越大，纱线条干均匀性越好，适合纺低特纱线。棉纤维线密度的检验方法有两种，一种是马克隆气流仪法，另一种是中段切断称重法。

3. 棉纤维的吸湿性、回潮率及含水率

棉纤维是多孔性物质，且其纤维素大分子上存在许多亲水性基因（—OH），所以其吸湿性较好，一般大气条件下，棉纤维的回潮率可达 8.5％左右。

原棉含水率指标对原棉质量、用棉量计算及纺纱工艺的影响较大。国产原棉含水率一般在 7％～11％之间，标准含水率为 10％。原棉含水率过高，不利于开松除杂，纤维容易扭结，产生萝卜丝，影响开清棉工程顺利进行。原棉含水率过低，容易产生静电现象，造成绕罗拉、绕皮辊，纱条内纤维紊乱，条干不匀增大。原棉含水率测试方法有烘箱法、电测（快速测湿）法等。

4. 棉纤维的杂质和疵点

原棉中含有的各种非纤维性物质称杂质，如不孕籽、破籽、籽棉、棉籽、砂尘、小棉枝叶等非纤维性夹杂物。原棉标准含杂率：皮辊棉为 3％，锯齿棉为 2.5％。检验原棉杂质时，首先用原棉杂质分析机对试样进行处理，将杂质分出，然后通过称重计算含杂率。原棉疵点是因棉纤维生长发育不良或原棉轧花工艺不良，造成的纤维外观疵点和杂质。如索丝、棉结、僵片、黄根、软籽皮、纤维籽屑等。原棉中的疵点和杂质对纺纱质量和纺纱工艺都有十分重要的影响。原棉中细小杂质过多、含杂率过高，会加重棉花开松除杂负担，增大原棉用量。原棉中的疵点在纺纱过程中较难清除，疵点含量过高会使纺出纱线的棉粒、粗细节、毛羽增多，造成成纱质量下降。

5. 棉纤维的断裂强度和伸长率

棉纤维的强度是纤维具有纺纱性能和使用价值的必要条件之一，纤维强度高，则成纱强度也高。棉纤维的强度常采用断裂强度和断裂伸长率表示。由于单根棉纤维的强力差异较大，所以一般测定棉束纤维强力，然后再换算成单纤维的强度指标。棉纤维的断裂强度在纺织纤维中属于中等水平，长绒棉断裂强度较高，细绒棉次之，粗绒棉强度偏低。棉纤维断裂伸长率较小，一般在 6%～11%。

二、动物毛发纤维

动物毛发纤维是生产高档纺织品的纤维原料，使用量最多的毛纤维主要是羊毛（绵羊毛），而其他毛纤维如山羊绒、绵羊绒、马海毛、牦牛毛、兔毛、骆驼毛等用量较少，常被称为特种动物毛纤维。

（一）羊毛纤维

羊毛纤维柔软而富有弹性，可用于制作呢绒、绒线、毛毯、毡呢等纺织品。羊毛制品有手感丰满、保暖性好、穿着舒适等特点。人类利用羊毛可追溯到新石器时代，由中亚向地中海和世界其他地区传播，遂成为亚欧的主要纺织原料。世界羊毛生产的优势在南半球。大洋洲原毛产量占世界原毛总量的 40%左右。澳大利亚主要生产细毛，新西兰主要生产半细毛，个体产毛量年平均达 5kg 左右。南美洲的产毛水平也较高。澳大利亚、新西兰、俄罗斯和中国是羊毛主要生产国，其产量约占世界羊毛总产量的 60%。羊毛主要输出国除澳大利亚和新西兰外，还有阿根廷和乌拉圭以及南非等。

1. 羊毛的分类

（1）按纤维组织结构分类：细绒毛、异质毛、粗绒毛、粗毛、发毛、两型毛、死毛。其中：①细绒毛：直径在 30μm 以下，无髓质层，鳞片多呈环状，油汗多，卷曲多，光泽柔和；②异质毛：中底部的绒毛；③粗绒毛：直径在 30～52.5μm；④粗绒毛：直径在 52.5～75μm，有髓质层，卷曲少，纤维粗直，抗弯刚度大，光泽强；⑤发毛：直径大于 75μm，纤维粗长，无卷曲，在一个毛丛中经常突出于毛丛顶端，形成毛辫；⑥两型毛：一个纤维上同时兼有绒毛和粗毛的特征，有断断续续的髓质层，纤维粗细差异较大，我国没有改良好的羊毛多属这种类型；⑦死毛：除鳞片层外，整根羊毛充满髓质层，纤维脆弱易断，枯白色，没有光泽，不易染色，无纺纱价值。近年来工业上规定：凡毛直径在 52.5μm 以上的为粗毛，毛纤维有髓腔。当在 500 倍显微镜投影仪下观察，髓腔长达 25mm 以上、宽为纤维直径的 1/3 以上为腔毛。粗毛和腔毛统称为粗腔毛。

（2）按取毛后原毛的形状分有被毛、散毛、抓毛。其中：①被毛：从绵羊身上剪下并粘连成一个完整的毛被的毛；②散毛：从绵羊身上剪下的毛但连不成整个片状的毛；③抓毛：在绵羊脱毛季节用铁梳子梳下来的毛，抓毛中含有不同类型的毛纤维，加工时需要分开。

（3）按毛被所含纤维成分可分同型毛和混型毛。其中：①同型毛包括细毛、半细毛和高代改良毛，其纤维细度和长度以及其他外观表征基本相同；②混型毛包括粗毛和低代改良毛，毛股由绒毛、两型毛、发毛混合组成，纤维粗细长短不一致，纺织价值较低，主要用作毛毯、地毯及毡制品原料。

（4）按剪毛季节分有春毛、秋毛、伏毛。其中：①春毛：在春天剪取的羊毛，具有毛长、底绒多、毛质细、油汗多、品质较好等特点；②秋毛：秋天剪取的羊毛，一般具有毛短、无底绒、光泽较好等特点。③伏毛：有的地方夏天还剪一次毛，叫伏毛，一般具有毛短、品质差等特点。

2.羊毛的化学组成

羊毛的主要成分为角蛋白，它由多种α-氨基酸剩基构成，可联结成呈螺旋形的长链分子，其上含有羧基、氨基和羟基等，在分子间形成盐式键和氢键等。长链之间由胱氨酸的二硫键形成的交键相联结。上述化学结构决定羊毛的特性。如毛纤维大分子长链受外力拉伸时由α型螺旋形过渡到β型伸展型，外力解除后又恢复到α型，则其外观表现为羊毛的伸长变形和回弹性优良。羊毛较强的吸湿能力与长链上的一些基团有关。羊毛较耐酸而不耐碱，是由于碱容易分解羊毛胱氨酸中的二硫基，使毛质受损。氧化剂也可破坏二硫基而损害羊毛。

3.羊毛的形态结构

（1）羊毛的毛丛形态。毛纤维覆盖于绵羊皮肤的表面，并非均匀分布，而是呈簇状密集在一起。在每一小簇中，有一根直径较粗、毛囊较深的导向毛，其他较细毛纤维围绕着导向毛生长，形成毛丛。同支毛中的导向毛较细，与周围毛细度、长度差异较小；异支毛中的导向毛与它周围的毛长短、粗细差异较大。所以说，毛丛的形态和质量，是羊毛品质好坏的重要标志。同一毛丛中的纤维形态相同，长度、细度相近，生长密度大，又有较多的脂汗使纤维相互粘连，形成上下基本一致的形状，从外部看呈平顶状的，称平顶毛丛。具有这种毛丛的羊毛品质最好，同质细羊毛多属这一类型。毛丛中纤维粗细混杂、长短不一，短而细的毛靠近毛丛底部，粗长纤维突出在毛丛外面并扭结成辫，形成底部大、上部小的圆锥形，呈这种辫状的羊毛品质较差。图2-10所示为中国美利奴羊，图2-11所示为中国细毛羊，图2-12所示为中国羊毛的毛丛形态，其中（a）～（e）为新疆细羊毛的毛丛［（a）为体侧毛，（b）为背部毛，（c）为头部毛，（d）为胫部毛，（e）为腹部毛］，（f）为吉林细羊毛，（g）为内蒙古改良毛，（h）为山东细羊毛。不同品种羊毛的品质质量有很大的差异，即使是同一品种的羊，不同部位羊毛毛丛形态和品质也有一定的差异。

图2-10　美利奴羊

图2-11　中国细毛羊

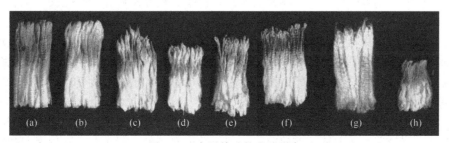

图2-12　中国羊毛的毛丛形态

（2）羊毛的形态。羊毛是由许多细胞聚集构成，可分为三个组成部分：①包覆在毛干外部的鳞片层；②组成羊毛实体主要部分的皮质层；③在毛干中心不透明毛髓组成的髓质层。

鳞片排列的疏密和附着程度，对羊毛的光泽和表面性质有很大的影响。粗羊毛上鳞片较稀，易紧贴于毛干上，使纤维表面光滑，光泽强，如林肯毛。美利奴细羊毛，纤维细，鳞片紧密，反光小，光泽柔和近似银光。此外，鳞片层的存在，是羊毛具有毡化的特性。皮质层在鳞片层的里面，是羊毛的主要组成部分，也是决定羊毛物理化学性质的基本物质。髓质层是由结构松散和充满空气的角蛋白细胞组成，细胞间相互联系较差。在显微镜下观察，髓质层呈暗黑色。含髓质层多的羊毛，脆而易断，不易染色。图2-13为羊毛的形态结构，图2-14为羊毛的细观结构模型。

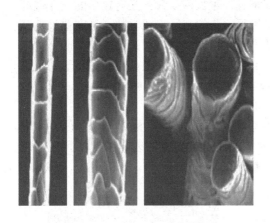

图 2-13　羊毛的形态结构

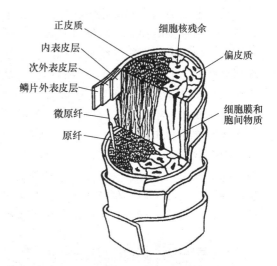

图 2-14　羊毛的细观结构

4. 羊毛的性能

（1）羊毛细度。羊毛细度可以用直径表示，测量羊毛细度的方法主要是显微镜投影仪法。细羊毛平均直径为 $14.5 \sim 25.0 \mu m$，半细羊毛为 $25.0 \sim 35.0 \mu m$，长羊毛为 $29.0 \sim 55.0 \mu m$，粗羊毛为 $36.0 \sim 62.0 \mu m$。羊毛的细度是确定羊毛纤维品质和使用价值的重要依据，对纺纱工艺和成纱质量有很大影响。过去纺织行业习惯用"品质支数"作为羊毛的品质指标，由于科学技术不断进步，纤维性能不断改善，纺纱工艺和纺纱方法不断改进，消费者对产品品质的要求不断提高，品质支数这一指标已逐渐失去其原有意义。

（2）羊毛长度。羊毛长度是确定其纤维用途和纺纱工艺参数的重要依据之一，对成纱质量也有较大影响。羊毛长度与羊的品种、年龄、性别、饲养条件、纤维生长部位、剪毛次数和季节等因素有关，羊毛纤维长度范围很广。原毛业务检验多用钢尺测量毛丛长度，毛条和洗净毛工艺试验多采用梳片式纤维长度仪或排图法测量羊毛长度。一般情况下，平均毛丛长度在55mm以上的羊毛可以用于精梳毛纺，也可用于粗梳毛纺，但低于55mm的纤维只能用于粗梳毛纺。细羊毛平均长度一般在 $60 \sim 120mm$，半细羊毛为 $70 \sim 180mm$，粗羊毛为 $60 \sim 400mm$。

（3）羊毛的卷曲。羊毛呈自然卷曲状态，这有助于改善其纺纱性能，增强织物的手感弹性和保暖性。根据羊毛卷曲数和卷曲波幅不同，羊毛卷曲分为弱卷曲、常规卷曲和强卷曲三

图2-14标注：正皮质　细胞核残余　内表皮层　偏皮质　次外表皮层　鳞片外表皮层　微原纤　细胞膜和胞间物质　原纤

种类型。常规卷曲羊毛大多用于精梳毛纺，最终产品的光泽、弹性和手感较好，呢面光洁。强卷曲羊毛适合加工粗梳毛纺产品，最终产品呢面茸毛丰满，富有弹性，手感良好。通常，细羊毛的卷曲比较明显，每厘米卷曲数有 10～13 个；粗羊毛的卷曲特性较差，每厘米卷曲数仅有 1.5 个。卷曲数过低，纤维成网和成条比较困难，落毛增多，成纱质量下降。

（4）羊毛的力学性能。羊毛具有低强度、高伸长的特点，纤维断裂强力仅为 1.15～1.59cN，断裂伸长率却高达 35%～50%，羊毛具有较强的弹性回复能力。

（5）羊毛的毡缩性。在湿、热和机械力的反复作用下，羊毛纤维集合体中纤维相互穿插、缠结，集合体被逐渐收紧，这种现象被称作毡缩性。羊毛表面特有的鳞片结构是产生毡缩现象的内在因素，对羊毛表面做改性处理，可达到防缩目的。

（6）羊毛的回潮率。羊毛具有很强的吸湿能力，同质洗净毛的公定回潮率达 16%，异质洗净毛的公定回潮率为 15%。羊毛的吸湿放热现象较为明显。

（7）羊毛的粗腔毛率。粗毛是指直径等于或超过 $52.5\mu m$ 的羊毛纤维。腔毛是指连续空腔长度在 $50\mu m$ 以上，腔宽的一处等于或超过纤维直径 1/3 的羊毛纤维。原毛附带有一定数量的粗毛和腔毛，其含量用粗腔毛率表示。粗腔毛率过高，表明羊毛的整体品质水平较低，会对纺纱工艺造成不利，织物品质也会随之降低。

（8）羊毛的杂质。原毛带有较多的杂质，如绵羊皮肤分泌的脂汗，从生活环境中带来的砂土、植物性杂质和尿粪等，其含量占原毛质量的 25%～60% 不等，但经过洗毛，能够除去绝大部分杂质。

（二）特种动物毛纤维

1. 山羊绒

山羊绒是极其珍贵的高档纺织原料，它是从绒山羊或能够抓绒的山羊身上获取的绒毛。山羊绒按其色泽可以分为紫绒、青绒和白绒三种类型，以白绒最为珍贵。山羊绒具有轻、细、柔软、滑糯、光泽柔和、保暖等优良特性。山羊绒的原绒中含有一定数量的粗毛、死毛、皮屑及其他杂质，提取绒毛需经过分梳等加工工艺。

山羊绒很细，无毛髓，纤维平均直径为 $14.5～19.0\mu m$，平均长度较短，仅有 35～45 mm，纤维具有不规则的稀而深的卷曲，纤维的伸直长度可达自然长度的 3 倍左右，因此纯羊绒纺纱的技术要求很高。

2. 马海毛

安哥拉山羊拥有世界上最优秀、品质最好的毛。马海毛是安哥拉山羊毛的商业名称，所以国际上通常把安哥拉山羊毛称为马海毛。马海毛的产量很低。是一种高档纺织原料，纤维性能与绵羊毛有些相似，但也有其独特的性能。马海毛纤维截面几乎呈圆形，表面鳞片平阔，鳞片紧贴毛干，重叠很小，纤维表面十分光滑，具有蚕丝般明亮的光泽。马海毛卷曲不像羊毛那样明显，纤维品质主要根据纤维直径分级，1 岁左右小山羊的纤维品质较好，纤维直径在 $10～40\mu m$，有髓毛含量不足 1%，每厘米卷曲数平均为 1 个。随着山羊年龄增长，纤维直径逐渐增粗至 $25～90\mu m$，有髓毛含量随之增加，纤维品质逐渐降低。马海毛纤维长度很长，能够达到 120～150mm，毡缩性不十分明显，弹性好。

3. 兔毛

纺织生产中使用的主要是安哥拉兔毛。安哥拉兔毛纤维细而长，纤维密度较小，纤维内腔含有空气，轻柔、保暖，富有光泽，产品档次较高。兔毛中含有绒毛和粗毛，品质优良的长毛种兔毛的绒毛细而柔软，平均直径 $5～20\mu m$，有少量浅波状卷曲，绒毛含量为 30%～90%。粗毛刚直、无卷曲，纤维直径较粗，平均直径为 $31～100\mu m$，粗毛含量多少是衡量兔毛品质的重要依据。兔毛长度与兔种、剪毛间隔时间等因素有关，每月剪一次的安哥拉兔

毛，纤维长度平均为 25mm 左右，3 个月剪一次的兔毛，纤维长度达到 70～90mm，一年剪一次的兔毛，纤维长度在 120mm 以上。兔毛纤维表面光滑，卷曲很少，波幅很浅，纤维之间抱合性能很差。因此，纯纺兔毛纱比较困难，容易出现落毛、飞花，成纱强度很低。实际生产中，兔毛常与其他纤维进行混纺。

4. 牦牛毛和牦牛绒

牦牛是产于我国青藏高原及毗邻地区高寒草原的特有牛种，从牦牛身上可以获取细而短的绒毛和粗而长的粗毛。牦牛毛被中的绒毛和粗毛混杂生长，用抓取方法得到的主要是绒毛，经分梳后能得到粗毛含量很低的牦牛绒。用剪取方法得到的是粗毛，其纤维粗细混杂。牦牛毛多数是黑色或黑褐色，我国甘肃产的白色牦牛绒属珍品，利用牦牛毛的自然色泽，能够进行符合现代环保要求的绿色纺织品生产。

牦牛绒纤维较细，纤维平均直径小于 20μm，长度较短，平均长度为 34～45mm，纤维形态呈不规则弯曲，鳞片呈环状紧贴毛干，光泽柔和，手感滑糯，富有弹性。牦牛粗毛的纤维直径较粗，一般大于 55μm，纤维长度很长，可以超过 200mm，部分粗毛有连续毛髓，纤维平直而刚韧，纤维表面光滑，富有光泽。

三、蚕丝

蚕丝是熟蚕结茧时分泌丝液凝固而成的连续长纤维，也称"天然丝"。它与羊毛一样，是人类最早利用的动物纤维之一，根据食物的不同，又分桑蚕、柞蚕、木薯蚕、樟蚕、柳蚕和天蚕等。从单个蚕茧抽得的丝条称为茧丝，它由两根单纤维借丝胶黏合包覆而成。将几个蚕茧的茧丝抽出，借丝胶黏合包裹而成的丝条，有桑蚕丝（也称生丝）与柞蚕丝之分，统称为蚕丝。除去丝胶的蚕丝，叫做精炼丝。以它们为原料，就可用织机加工成各类品种的丝织物了。

（一）蚕丝的组成及分类

蚕丝是蚕蛹成熟结茧时分泌出来的丝液自然固化后形成的连续长丝纤维，每根茧丝包含两根单丝，借助丝胶黏合包覆而成，因此蚕丝由丝素和丝胶两部分组成，其中丝素占纤维质量的 70％～75％，丝胶占纤维质量的 25％～30％，除丝素和丝胶外，茧丝中还含有少量的蜡质、脂肪、灰分等杂质，它们占纤维质量的 1％～2.5％。丝胶和丝素的 97％是由 18 种氨基酸组成纯蛋白质构成，但由于丝胶和丝素的氨基酸组成不同，一般称构成丝素的蛋白为纤蛋白，构成丝胶的蛋白为球蛋白。构成丝胶的球状蛋白质具有较好的水溶性，故在蚕丝前处理时将其置于热水中进行精练脱胶，就是利用了丝胶的这一特性。以桑蚕丝为原料，将若干根茧丝抱合胶着缫制而成的长丝，又称真丝。机器缫制的丝称为厂丝，白茧缫的丝称为白厂丝。用简易机械和工艺，以次茧为原料缫制的丝称为土丝。经精练脱胶后的丝，称为熟丝。而未精练的丝，则叫做生丝。由于桑蚕丝从栽桑养蚕至缫丝织绸的生产过程中未受到污染，因此是人们推崇的绿色产品。又因其为蛋白质纤维，属多孔性物质，透气性好，吸湿性极佳，而被世人誉为"纤维皇后"。

（二）蚕丝的形态结构

桑蚕所吐之丝全长可达 1000m 以上，在显微镜下可看到其纵向呈不平滑的树干状，粗细不匀，还有各种颣节，其横截面呈椭圆形，内有两条透明的丝素和不透明的丝胶，脱去表面丝胶后的茧丝内单丝的横截面一般呈半椭圆形或略带圆角的三角形。包覆着的丝胶按在热水内的溶解度不同，可分为四层，愈在外面的丝胶溶解性能愈好，愈在内部，溶解性能愈差，甚至很难溶解。丝胶结构比丝素疏松，因此抵抗酸、碱和酶的水解能力比丝素弱，且水解程度也较为剧烈。如图 2-15、图 2-16 所示。

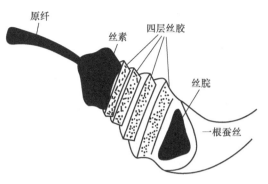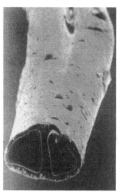

图 2-15　茧丝的形态与结构

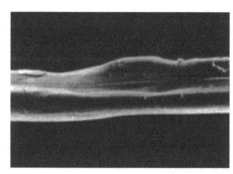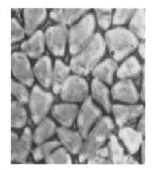

图 2-16　脱胶后茧丝的纵向和截面形态

（三）蚕丝纤维的性能

1.蚕丝纤维的细度

蚕丝纤维很细，单纤维直径平均在 $14\sim17\mu m$。内外层茧丝的线密度值存在一定差异，内层茧丝最细，中层茧丝最粗，外层茧丝居中，茧丝平均线密度在 $2.6\sim3.7dtex$，脱胶后的丝纤维平均线密度在 $1.1\sim1.4dtex$。茧丝线密度及线密度变异系数对缫丝、绢纺工艺的影响很大。

2.蚕丝纤维长度

茧丝长度对缫丝工艺和生丝品质影响很大，桑蚕丝长度一般在 $650\sim1200m$。在绢纺成纱工程中，蚕丝纤维则被切断成适合于绢纺工艺要求的短纤维，通常情况下，纺 $50dtex$ 以下低特绢丝，混合绢纤维平均长度在 $65mm$ 以上，中特绢丝混合绢平均长度在 $55mm$ 以上。

3.蚕丝纤维回潮率

蚕丝纤维具有较强的吸湿能力，桑蚕丝的公定回潮率为 11%。吸湿使茧丝纤维断裂强度下降，断裂伸长率增大，弹性回复能力变小。

4.蚕丝纤维断裂强度和断裂伸长率

茧丝纤维具有高强度、高伸长的力学特性，桑蚕丝的断裂强度为 $3.0\sim3.5cN/dtex$，断裂伸长率为 $15\%\sim25\%$。绢纺原料经过精练、制丝工程后，丝纤维断裂强度和断裂伸长率均有下降。

5.蚕丝纤维的光泽和丝鸣

蚕丝纤维光泽柔和、优雅、高贵、明亮，具有其他纤维所不可比拟的美丽光泽。丝纤维

相互摩擦会产生一种悦耳的声觉效应，被称为"丝鸣"。蚕丝纤维的光泽、丝鸣是构成丝绸产品独特风格的重要因素。

四、麻纤维

(一) 麻纤维的分类

麻纤维品种繁多，按麻的品种分类可分为苎麻纤维、亚麻纤维、大麻纤维、黄麻纤维、罗布麻纤维、剑麻纤维等。如果按提取纤维的部位可分为韧皮纤维和叶纤维。其中韧皮纤维（软质纤维）有苎麻、亚麻、黄麻、洋麻、大麻（汉麻）、苘麻、苧麻和罗布麻等，叶纤维（硬质纤维）有剑麻、蕉麻和菠萝麻。

(二) 麻纤维的组成

所有麻纤维均为纤维素纤维，基本化学成分是纤维素、半纤维素、果胶、木质素、脂肪蜡质与灰分。各种麻纤维化学组成见表2-4。

表2-4　麻纤维的化学组成

名称	纤维素	半纤维素	果胶	木质素	脂肪蜡质与灰分
苎麻	65~75	14~16	4~5	0.8~1.5	6.5~14
亚麻	70~80	12~15	1.4~5.7	2.5~5	5.5~9
黄麻	57~60	14~17	1.0~1.2	10~13	1.4~3.5
红麻	52~58	15~18	1.1~1.3	11~19	1.5~3
大麻	67~78	5.5~6.1	0.8~2.5	2.9~3.3	5.4
罗布麻	40.82	15.46	13.28	12.14	22.1
剑麻	73.1	13.3	0.9	11.0	1.7

1. 纤维素

纤维素是麻纤维的主要化学成分，大分子的化学结构式和棉纤维相同，用黏度法测得苎麻纤维的聚合度约为2000~2500。纤维素成分的存在为麻纤维提供了三项重要的化学性能，它对获得具有可纺性能的麻纤维十分重要。

2. 半纤维素

半纤维素不像纤维素那样是由一种单糖组成的均一聚糖，而是一群低分子量聚糖类化合物。半纤维素多糖包括葡萄甘露聚糖、木聚糖和阿拉伯聚糖、半乳甘露聚糖等。其中葡萄甘露聚糖半纤维素对碱的对抗性最大，在脱胶过程中最难除去。

3. 果胶物质

果胶物质是部分甲氧基化或完全四氧基化的聚半乳糖醛酸（果胶酸），果胶质的性质取决于甲氧基含量的多少及聚合度的高低。果胶质中未被酯化的羧基会与多价金属离子结合成盐，变成网状结构、降低溶解度，果胶物质对酸、碱和氧化剂作用的稳定性要较纤维素低。

4. 木质素

木质素是一种具有芳香族特性的结构单体为苯丙烷型的三维结构高分子化合物。木质素与半纤维素之间的主要联结是苯甲醚键、缩醛键等。半纤维素——木质素的键，在100℃、1%的NaOH溶液中是稳定的，这增加了脱胶时去除这两者的难度。木质素对无机酸作用稳定性极高，所以分析木质素含量的方法之一就是测定在72%硫酸溶液中不被水解的残渣重量。但是木质素易氧化，氯化木质素易溶于碱液中。

5.脂肪蜡质与灰分

脂肪蜡质是指用有机溶剂从原麻中抽提的物质，称为脂肪蜡质；灰分是植物细胞壁中包含的少量矿物质，主要是钾、钙、镁等无机盐和它们的氧化物。

（三）麻纤维的形态结构

麻纤维的形态特征如图 2-17～图 2-20 所示。

图 2-17 苎麻纤维的形态特征

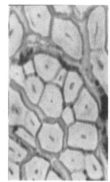

图 2-18 亚麻纤维的形态特征

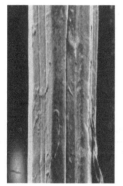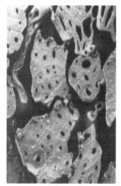

图 2-19 大麻纤维的形态特征

图 2-20 红麻纤维的形态特征

1.苎麻

苎麻纤维在植物茎中呈单纤维状，不形成工艺纤维，纤维的纵向条纹呈急骤的错位。初生层和次生层中的纤维素原纤呈 S 向螺旋线分布。纤维平均长度约为 60mm，长度分布范围很广，一般为 20～250mm，最长可以达到 550mm。苎麻纤维较粗，纤维线密度为 4.5～9.1dtex。如图 2-17，苎麻纤维的纵向有节状凸起，细胞壁厚，截面呈扁圆形、椭圆形、半圆形、菱形、多角形不一，有明显的中腔。

2.亚麻

亚麻经沤麻及碎茎打麻后制成"打成麻"。其工艺纤维长度为 45～70mm、工艺纤维线密度为 12.5～25.0dtex，其单纤维长度为 17～25mm、单纤线密度约为 2.9dtex。亚麻打成麻的纵向形态如图 2-18 所示，可以看出亚麻打成麻由多根亚麻单细胞纤维组成，纤维表面有明显的纵向条纹，称为竖纹，还有横节或 X 形节（160～320 个/cm），横截面呈现出五角形或六角形甚至多角形（多边形），中间有着明显的中腔，但中腔较小。

3.大麻纤维

大麻纤维属韧皮纤维，大麻纤维束的含胶具有三个层次：纤维与纤维之间的胶质系统、纤维内部的胶质系统和链状分子之间的胶质系统。经脱胶处理后大麻纤维长度一般为7～50mm，宽度为15～30μm，大麻纤维的横截面为不规则的三角形、多边、腰圆形等，截面内有很多微细孔隙，纤维中心有个细长的空腔，并与纤维表面纵向分布着的许多裂纹和小孔洞相连。

4.红麻纤维

红麻又称槿麻、洋麻，习性和生长与黄麻十分相近，单纤维很短，细度较黄麻纤维粗，截面为多角形或近椭圆形，中腔较大，一般为6～17μm。红麻吸湿性也很强，但跟黄麻相比略差。

（四）麻纤维的性能

麻类纤维的物理机械性能如表2-5所示，可以看出麻类纤维的机械拉伸强度普遍较高，尤以苎麻纤维和亚麻纤维强度较高，而断裂伸长率则普遍较小。初始模量普遍较高，说明麻类纤维硬挺，刚性大，柔软性差，纺纱难度较大。

表 2-5　麻类纤维的机械物理性能

纤维种类	单纤维长度/mm	单纤维或工艺纤维细度/tex	断裂强度/cN·dtex^{-1}	伸长率/%	初始模量/cN·dtex^{-1}
苎麻	60.3	0.45～0.91	6.72	3.76	172.66
亚麻	10～26	1.25～2.5	5.50～7.90	2.50	94.99
大麻	15～25	3.33	4.34	2.39	171.52
黄麻	1.83～2.41	2.2～5	3.43	2～4	181.59
罗布麻	20～25	0.41	4.39	2.50	175.60
苘麻	34.3	0.66	5.12	4.44	147.18
剑麻	1.5～4	34	4.82	1.89	255.18

第八节　化学纤维简介

一、再生纤维

再生纤维是通过溶剂将天然高分子材料溶解和过滤、纯化，制备成纺丝溶液，再通过纺丝成形装置生产的纤维。再生纤维的化学组成与原高分子材料的化学组成基本相同，纺丝过程中首先通过溶剂改变原高聚物内部大分子的堆积状态，并在数量规模将其分解为更小的由若干个大分子组成的单纤维，并通过酯化反应和纺丝装置的作用，使构成单纤维的大分子重新链接、排列、取向，进而凝固成细长的纤维。

（一）黏胶纤维

黏胶纤维是由天然纤维素（棉短绒、木材、芦苇等）经碱化，生成碱纤维素，再与二硫化碳作用生成纤维素黄酸酯，溶解于稀碱液内，获得黏稠溶液——黏胶纺丝液，黏胶经湿法纺丝或干法纺丝以及一系列处理工序加工后成为黏胶纤维。

黏胶纤维的基本成分是纤维素，其化学组成与棉相同。普通黏胶纤维强度为1.8～2.6 cN/dtex，断裂伸长10%～30%，湿强度0.9～1.9cN/dtex，模量52.8～79.2cN/dtex，湿模量 2.6～3.5cN/dtex。一般黏胶纤维吸湿性能比棉纤维好，较易于染色。用黏胶纤维制织的织物具有较好的舒适性。黏胶纤维适于做内衣，也适于做外衣和装饰织物。

（二）醋酯纤维

纤维素与醋酸发生反应，生成纤维素醋酸酯，经纺丝而成纤维，简称醋酯纤维。醋酯纤维化学组成和结构已起了变化，不同于纤维素，所以性能与纤维素纤维差异较大。醋酯纤维的强度为 1.1～1.2cN/dtex，伸长率为 25%～45%，在标准大气条件下回潮率仅 4.5%，醋酯纤维具有热塑性，在 200～230℃时软化，260℃时熔融并分解。醋酯纤维的模量为 28.2～29cN/dtex，所以较为柔软，易变形；在低延伸度时（4%以下）有较高的弹性恢复率；醋酯纤维的耐磨性较差，是它的弱点。与黏胶纤维相比，醋酯纤维强度低，吸湿性差，染色性也较差，但在手感、弹性、光泽和保暖性方面的性能优于黏胶纤维，在一定程度上有蚕丝的效应。醋酯纤维适于制作内衣、儿童衣着、妇女服装和装饰织物，短纤维用于同棉、毛或其他合成纤维混纺，醋酯纤维还用于香烟过滤嘴，中空醋酯纤维具有透析功能，常用于制造人工肾和化学工业净化及分离器等。

（三）铜氨纤维

铜氨纤维是把纤维素溶解于铜氨溶液中得到铜氨纺丝液，然后从喷丝孔喷出，先经水流高倍拉伸，后进稀酸浴还原成铜氨纤维。铜氨纤维的性能比黏胶纤维优良，它可以制成非常细的纤维，为制作高级丝织品提供原料。

铜氨纤维截面呈现结构均匀的圆形，无皮芯结构，单纤维细度可达 0.4～1.3dtex，强力约为 2.6～3.0cN/dtex，湿强为干强的 65%～70%，耐磨性和耐疲劳性比黏胶纤维好。标准大气条件下，回潮率为 12%～13%，与黏胶纤维接近，由于它没有皮层，所以吸水量比黏胶纤维高 20%左右，染色性也较好。铜氨丝织物手感柔软，光泽柔和，有真丝感。

（四）Tencel 纤维

由于黏胶纤维对环境污染大、流程长，开发一条生态、环保的纤维素纤维纺丝工艺技术路线，成了化学纤维界主攻的课题之一。20 世纪末终于开发出了新的溶剂法纤维素纤维纺丝新技术，满足生态环保的要求。有代表性的是奥地利 Lanzing 公司的 Lyocell 和英国 Courtaulds 公司的 Tencel，其中 Lyocell 纤维已经国际人造丝及合成纤维标准化局认可归类于纤维素纤维。这类纤维干强明显高于一般的黏胶纤维，略低于涤纶，湿强比黏胶纤维有了明显的提高，在湿润状态下，仍保持 85%的干强（湿润时的强力仍明显高于棉纤维）；它具有非常高的刚性；良好的水洗尺寸稳定性（缩水率仅为 2%）；并具有较高的吸湿性（标准回潮率黏胶为 13%，棉为 8%，该纤维为 11.5%）；湿模量约高于黏胶纤维 5 倍，高于棉纤维 2 倍，且略高于涤纶。虽然强度略逊于涤纶，但穿着舒适性远优于涤纶。同时该纤维横截面为圆形或椭圆形，光泽优美，手感柔软，悬垂性好，飘逸性好，已成为高档纺织品的理想原料。

二、合成纤维

（一）锦纶——聚酰胺纤维

锦纶是指以聚酰胺高分子化合物为原料用熔融纺丝法制成的。它有近似圆形的截面，纵向表面均匀、光滑。如果是异形丝，截面形状由喷丝孔决定。锦纶的比重较小为 1.14，在纺织纤维中是较轻的。它的长丝适宜于做轻薄的丝织物原料。锦纶的强度在合成纤维中是最高的，锦纶的强度、伸长度和初始模量数值列于表 2-6 中。

表 2-6　锦纶的力学性能

纤维名称	强度/cN·dtex^{-1}	伸长度/%	干湿强度比/%	初始模量/cN·dtex^{-1}
锦纶 6 普通丝	4.2～5.6	28～42	80～90	17.6～39.6
锦纶 6 强力丝	5.6～8.4	16～25	80～90	23.8～44.0
锦纶 66 普通丝	4.0	25～40	80～90	4.4～21.1
锦纶 66 强力丝	6.2～8.1	16～25	80～90	18.5～51.0
锦纶 66 短纤维	3.5～4.1	38～42	80～90	8.8～39.6

　　锦纶的弹性模量较低，在小负荷下容易变形，所以用锦纶所制作的服装容易变形，这是锦纶的一大缺点。锦纶在低于 4% 伸长时的弹性恢复率达 100%。锦纶的耐磨性和耐疲劳的能力都好，锦纶还具有较好的吸湿性，但差于天然纤维。锦纶的耐光性和耐热性较差。锦纶 6 的熔点为 215～220℃，软化点为 180℃；锦纶 66 的熔点为 250～260℃，软化点是 220℃。

　　锦纶的用途很广，长丝可以做袜子、内衣、运动衫、滑雪衫、雨衣等，短纤维与棉、毛及黏胶混纺后，使混纺织物具有良好的耐磨性和强度。锦纶还可用于加工尼龙搭扣、地毯、装饰布等，工业上主要用来制造帘子布、传送带、渔网、篷帆等。

(二) 涤纶——聚酯纤维

　　聚酯纤维是由聚对苯二甲酸乙二醇酯经纺丝所得的合成纤维，也称为涤纶，是合成纤维中产量最高的第一大品种。熔融纺丝得到的涤纶，再经过热拉伸得到涤纶的成品丝。涤纶具有较高的强度，其横截面近似圆形，纵向表面光滑。涤纶比重为 1.38；软化点为 238～240℃，熔点为 255～260℃，安全熨烫温度为 135℃。涤纶具有热可塑性，热处理温度必须在玻璃化温度以上，软化点以下。涤纶的吸湿性能较差，标准大气条件下回潮率 0.4% 左右。涤纶的强度较高、模量也高、弹性恢复率大。涤纶织物不易起皱，尺寸稳定性好，易洗快干。涤纶易产生静电，易吸尘，易起球，易脏。

　　涤纶具有优良的物理力学性能和服用性能，见表 2-7。涤纶可以纯纺织造，也可以与棉、毛、丝、麻等天然纤维和其他化学纤维混纺交织。涤纶织物适用于制作男女衬衫、外衣、儿童衣着、室内装饰织物和地毯等。由于涤纶具有良好的弹性和蓬松性，也可用涤纶制作絮棉。用涤纶制作的非织造布可用于室内装饰物、地毯底布、医药工业用布及服装用衬里等。高强度涤纶可用作轮胎帘子线、运输带、消防水管、缆绳、渔网等，也可作电绝缘材料、耐酸过滤布和造纸毛毯等。但涤纶吸湿性差，作夏季服装有闷热感，使人感到不舒适，现正在进一步研究，对涤纶进行化学改性和物理变形，以改善涤纶的吸湿、抗沾污、抗起球、耐燃烧和染色性能。

表 2-7　涤纶的力学性质

纤维种类	强度/cN·dtex^{-1}	伸长度/%	初始模量/cN·dtex^{-1}	弹性回复率/%
普通长丝	3.8～5.3	20～—32	79.2～140.8	95～100
高强长丝	5.5～7.9	7～17	79.2～140.8	95～100
普通短纤维	4.2～5.7	35～50	22～44	90～95

(三) 腈纶——聚丙烯腈纤维

　　聚丙烯腈纤维是用 85% 以上的丙烯腈和 15% 以下的第二、第三单体共聚的高分子聚合物所纺制的合成纤维，称聚丙烯系纤维，即腈纶。腈纶的纺丝有湿法和干法两种。用干法纺丝所得纤维的截面形状基本上近似圆形；用湿法纺丝所得纤维的截面形状为哑铃形（类似花生果形状），纵向呈轻微的条纹。腈纶存在着空穴，空穴的大小和多少影响着纤维的比重、吸湿性、染色性和机械性能。

腈纶比重较小，在 1.14～1.17 之间，以 1.17 为多，在纺织纤维中属于较轻的纤维。吸湿性较差，在标准大气条件下，回潮率达 1.2%～2.0%，即使相对湿度提高到 95%，回潮率也只能达 1.5%～3.0%。腈纶仅有少量为长丝，绝大多数是短纤维。普通腈纶短纤维的强度为 2.1～3.3cN/dtex，断裂伸长率为 26%～44%。随着腈纶生产工艺的改变，强度和伸长率也会改变。腈纶的弹性恢复率低于锦纶、涤纶和羊毛。特别要注意的是腈纶在承受多次循环作用后，剩余变形较大，所以用腈纶制作的衣服的袖口、领口等处易变形。腈纶的蓬松性很好，集合体的压缩弹性很高，为羊毛、锦纶的 1.3 倍左右。腈纶的耐气候性，特别是耐日光性能很好。腈纶的化学性能较为稳定，对浓盐酸、浓有机酸和中等浓度的硫酸、硝酸和磷酸有抵抗性，在浓硫酸、浓硝酸和浓磷酸中被溶解破坏，耐碱能力较差。腈纶主要用作毛线、针织物（纯纺或羊毛缌纺）和机织物，特别适于室内装饰物。

（四）维纶——聚乙烯醇纤维

维纶又称聚乙烯醇纤维。维纶可以湿纺，也可以干纺。一般湿纺的维纶截面呈腰圆形，有明显的皮芯结构，皮层结构紧密，结晶度和取向度高，芯层结构疏松，有很多空隙，结晶度和取向度低。改变纺丝工艺，可使其截面形状改变。干法纺维纶的截面形状随纺丝液浓度而变，浓度为 30% 时，截面呈哑铃形；浓度为 40% 时的截面为圆形。

维纶的性质与棉花很相似，有合成棉花之称。比重为 1.26～1.30，比棉花小，强度与耐磨性能优于棉花，它与棉花的 1∶1 混纺织物比纯棉织物的耐用性高 0.5～1 倍。弹性与棉花相似。维纶的吸湿性较好，在标准大气条件下，回潮率 4.5%～5%，在常用的合成纤维中吸湿性占首位。热传导系数较低，保暖性较好，耐腐蚀和耐日光性较好，也不易霉蛀，长期放置在海水中，或埋于地下，或长时间在日光下曝晒强度损失都不大。维纶主要缺点是耐热水性差，在湿态 110～115℃时，有明显的变形和收缩，在水中煮沸 3～4h，织物明显变形并发生部分溶解；弹性不好，织物易起皱；染色性也不好，色泽不鲜艳，这些因素限制了维纶的使用。

维纶短纤维大量用于与棉、黏胶纤维混纺或与其他纤维混纺或纯纺，用于制作外衣、汗衫、棉毛衫裤、运动衫等针织物。用维纶做的帆布和缆绳因强度高、质轻、耐摩擦、耐日光，有较广泛的用途；维纶还因其耐冲击强度和耐海水腐蚀性好，适宜于制作各种类型的渔网；由于维纶的化学性能较为稳定，可用来制作工作服，或作为包装材料和过滤材料。

（五）丙纶——聚丙烯纤维

用聚丙烯做原料经熔融纺丝制得的纤维，称为聚丙烯纤维，又称为丙纶。丙纶比重很小，仅 0.91 左右，比水还轻。断裂强度和断裂伸长率通过改变拉伸倍数来达到。一般情况下，丙纶的强度较高，短纤维可达 2.6～5.7cN/dtex，长丝达 2.6～7.0cN/dtex。断裂伸长率达 20%～80%。丙纶的玻璃化温度为 -3.5～18℃，软化点为 140～160℃，熔点为 165～173℃。丙纶的软化点、熔点比其他纤维都低，所以加工和使用时要特别小心，温度不宜过高。丙纶不耐干热，耐湿热性能较好。丙纶的吸湿性很差，在标准大气条件下，回潮率几乎为"零"。丙纶的染色性能也很差，从而限制了它的使用。

丙纶的品种有长丝（包括未变形长丝和膨体变形长丝）、短纤维、鬃丝、膜裂纤维、中空纤维、异形纤维、各种复合纤维和非织造布等。主要用作地毯（地毯底布和绒面）、装饰布、家具布、各种绳索、条带、渔网、吸油毡、建筑增强材料、包装材料和工业用布。在衣着方面应用也日趋广泛，可与多种纤维混纺制成衬衣、外衣、运动衣、裤子等。由丙纶中空纤维制成的絮被，质轻、保暖、弹性良好。

（六）氯纶——聚氯乙烯纤维

由氯乙烯做原料制成的合成纤维，中国称为氯纶。氯纶有难燃、耐酸碱、耐气候、抗微生物、耐磨等优良性能，也还有较好的保暖性和弹性，产品有复丝、短纤维和棕丝等形式。纤维比重约 1.4，强度约 2.6cN/dtex，断裂伸长率为 12％～28％。氯纶对热敏感，软化点和熔点较低，在 60℃时即收缩，沸水中收缩率大，因此在实用上受到限制。氯纶经不起熨烫，不吸湿，静电效应显著，染色较困难。氯纶常用于制作防燃沙发布、床垫布和其他室内装饰用布、耐化学药剂的工作服、过滤布、针织品以及保温絮棉衬料等。

（七）氨纶——聚氨酯纤维

氨纶（SPANDEX）是一种具有高断裂伸长（400％以上），低模量和高弹性恢复率的合成纤维，常称为弹性体纤维（Elastomeric fibre），中国商品名称为氨纶的是多嵌段聚氨酯纤维。

聚氨酯的高弹性质与一般的弹力丝不同，它是由聚合物大分子组成和超分子结构的特点决定的。聚氨酯嵌段共聚物的大分子是由柔性很大的长链段（又称软链段）和刚性的短链段（称为硬链段）交替组成。以软链段为主体，硬链段分散嵌在其中，其分子结构示意图如图 2-21 所示。柔性软链段由脂肪族聚酯或聚醚组成，可以看做是一个容易伸展的弹簧，而刚性链段是由氨基甲酸酯和脲基所组成，如同一个刚性小球。由小球把弹簧连接起来组成的网，是一个具有一定强度的弹性体，两种链段以共价键结在一起。软链段中的每个单键围绕其相邻的单键作不同程度的内旋转，因而形成外形弯弯曲曲的分子，整个长链段像一个杂乱的线团，且形态不断地变化。在外力作用下，大分子的适应性很强，长度也有相当大的伸展余地，使纤维具有很大伸长和相当高的弹性回复率，在硬链段中含有极性基团，分子间因氢键作用而形成"区域"结构或结晶，使纤维具有一定的强度。

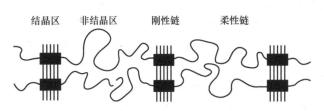

结晶区　非结晶区　刚性链　柔性链

图 2-21　聚氨酯嵌段共聚物柔、刚性链模型

聚氨酯纤维具有高延伸性（500％～700％）、低弹性模量，强度较低，仅 0.44～0.88cN/dtex，质地较轻，比重为 1.0～1.3，吸湿性也很低，在标准大气条件下仅 0.4％～1.3％。聚氨酯纤维具有中等程度的热稳定性，软化点为 200℃以上。聚氨酯弹性纤维一般不单独使用，而是少量地掺入织物中。它通常有三种主要形式：（1）裸丝；（2）单层或双层包线纱；（3）皮芯纱或皮芯合股纱。这种复合弹力纱被广泛用来制作弹性编织物，如袜口、家具罩、滑雪衫、运动服、医疗织物、带类、宇航服的弹性部分等。利用氨纶所具有的高弹性恢复性能，在服装中可达到某些独特的穿着舒适效果。

图 2-22～图 2-28 是几种合成纤维的纵横截面状态。

图 2-22　涤纶　　　　　　　　　　图 2-23　锦纶

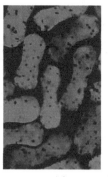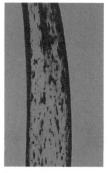

图 2-24 腈纶（湿法）　　　　　　　图 2-25 腈纶（干法）

图 2-26 黏胶纤维（湿法）　　　　图 2-27 黏胶纤维（干法）

图 2-28 丙纶

 思考题 ▶▶

（1）什么是纤维材料？根据纤维的来源说明纤维的分类？

（2）什么是纤维的形态结构？为什么要研究纤维的形态结构特征？

（3）请归纳说明天然纤维中棉纤维、羊毛纤维、麻纤维、蚕丝纤维各自的形态结构特征，并进行比较说明它们的不同之处。

（4）棉纤维与麻纤维均为纤维素纤维，请说明两者在外观形态特征上有何异同点？

（5）请归纳说明化学纤维中涤纶、锦纶、丙纶、腈纶、黏胶纤维、氨纶各自的形态结构特征，并进行比较说明它们的不同之处。

 实训题 ▶▶

（1）试用显微镜或显微照相系统观察天然纤维和化学纤维的外观形态。

（2）市场调查，了解目前市场上流行的纤维新品种有哪些。

第三章
纱线的分类、结构
与力学性能

本章知识要点:

1. 了解纱线的基本概念,掌握纱线的定义、分类及其结构特征;
2. 掌握短纤纱、长丝纱、长短纤复合纱以及花式纱的结构与形态特征;
3. 掌握纱线的细度指标、捻度和捻向的概念及其表示方法。

纱线以及纺纱方法的发明,对人类生活的影响是潜移默化和长久深远的。它改变了人类的生活方式和生存观念,作为人类生活中的重要工具,它的发明与人类发明火和车轮一样具有重要的意义,也是世界文明发展进程中重要的里程碑。

纱线作为中间产品,在纺织品生产过程中具有非常重要的地位。几乎所有的纺织品(除了毡和非织造布外)都是由纱线生产出来的。纱线的生产技术也是纺织品生产过程中非常重要的核心技术。由于可以采用多种不同的纤维原料和不同的纺纱工艺来生产纱线,纱线也可以表现出不同的结构类型和外观类型,也可以具有完全不同的性能和功能。例如从外观上,有些纱线是有光泽的,有些则是无光的;有些纱线是光滑的,有些是粗糙的;有些纱线具有较大的捻度,有些纱线则是无捻或低捻的。从结构上,有些纱线细而直且紧密,有些则粗而卷曲且蓬松。在力学性能上,有些纱线具有较大的拉伸弹性,而有些则没有拉伸弹性。因此,使用不同类型的纱线会使织物在外观、手感、服用性能、耐久性、可洗涤性方面有较大的差异。为了加深对纺织品的全面认识,理解和掌握纺织品设计与加工过程中的专业技能,有必要认真研究各种纱线的特性和性能,不断开发纱线新产品与成纱新技术。

第一节 纱线的定义、分类及其结构特征

一、纱线的定义

纱线是将纺织纤维按一定的方向取向排列,并以一定的捻度捻合形成的纤维集合体,具

有一定的强度和断裂伸长。纱线的加工过程就是将杂乱无章、随机排列的纤维经过开松、梳理、并条、牵伸、加捻等工序加工成具有一定粗细和捻度、内部纤维高度取向的细条状纤维集合体——纱线，也称为纺纱工程。

二、纱线的分类

由于构造纱线的方式较多，导致纱线的品种繁多，分类方法也较多。

1. 按纤维原料的形态及纱线外观特征来分类

如表 3-1 所示，可分为短纤纱、长纤纱、长丝/短纤复合纱以及花式纱线四大类。

表 3-1　纱线的分类

纱线	短纤纱	纯纺短纤纱	天然纤维纯纺纱	棉纱、毛纱、绢纺纱、麻纱等
			化学纤维纯纺纱	涤纶纱、黏纤纱、腈纶纱等
		混纺短纤纱	二组分混纺纱	涤/棉混纺纱
				涤/黏混纺纱
				毛/涤混纺纱等
			多组分混纺纱	毛/涤/黏混纺纱
				毛/黏/绢混纺纱
				毛/绢/羊绒混纺纱
	长纤纱	刚性长丝	金属丝	不锈钢丝，铜丝，银丝等
			无机非金属丝	玻璃纤维长丝等
		柔性长丝	涤纶长丝	POY、FDY、DTY、ATY、NSY
			锦纶长丝	FDY、DTY、ATY、NSY
			黏胶长丝	
			丙纶长丝	
		弹性长丝	橡胶长丝	
			氨纶弹力长丝	
			PTT 弹力长丝	
	长丝/短纤复合纱	短纤/刚性长丝复合纱	棉/金属丝复合纱	
			芳纶/金属丝复合纱	
		短纤/柔性长丝复合纱	棉/涤纶丝复合纱	
			棉/锦纶丝复合纱	
		短纤/弹性长丝复合纱	棉/氨纶丝复合纱	
			羊毛/氨纶丝复合纱	
			羊毛/PTT丝复合纱	
	花式纱线	花色线	彩虹线、彩点线、混点线、印花线等	
		花式线	超喂型	圈圈线、珠圈线、花圈线、小辫线、螺旋线等
			控制型	竹节纱、大肚纱、毛虫线、结子线等
		特殊花式线	特殊花式线	拉毛线、雪尼尔线、变形花式线、金银丝线等

2.按纱线的原料分类

(1) 纯纺纱线：纯纺纱线是由一种纤维原料纺成的纱线。如棉纱线、毛纱线、蚕丝线和化纤纱线等。

(2) 混纺纱线：混纺纱线是由两种或两种以上不同的纤维原料混合纺成的纱线。

混纺的目的是提高纱线的性能，取长补短，并且可以增加花色品种和达到一定的特殊效果。常用的混纺纱线有棉/麻、涤/棉、涤/麻、涤/毛、涤/黏、涤/腈、毛/腈、毛/黏、涤/毛/黏等。

混纺纱线的命名是根据纤维原料和原料混纺比例而定的，混纺原料间以分号"/"隔开。混纺纱中所用原料比例相同，按天然纤维、合成纤维、再生纤维的顺序排列，如：毛/涤50/50——表示50％羊毛与50％涤纶混纺。若混纺纱中所用原料比例不同，比例高的纤维在前，如：涤/毛70/30——表示70％涤纶与30％羊毛混纺。

(3) 长丝/短纤复合纱线：在短纤维成纱时，将长丝束喂入与短纤维细纱须条共同加捻形成的长丝/短纤复合纱线。长丝与短纤复合成纱，可以借助长丝为复合纱提供模量和强伸性、保形性、悬垂性和挺括性；短纤维为复合纱线提供天然纤维的手感、风格、蓬松性以及吸湿导湿性。

3.按纱线的印染和后整理分类

(1) 丝光纱：纱线经过丝光处理，分丝光漂白纱和丝光染色纱。

(2) 烧毛纱：烧毛纱是用气体或电热烧掉纱线表面的茸毛的纱线。

(3) 本色纱：本色纱，又称原色纱，是指未经过漂白而保持本色的纱线。

(4) 染色纱：染色纱是指原色纱经过煮炼染色制成的色纱。

(5) 漂白纱：漂白纱是把原色纱经过煮炼、漂白制成的纱。

(6) 色纺纱：色纺纱是指将纤维先经过染色，再纺制成的纱线。

4.按纱线用途分类

(1) 机织用纱：机织用纱范围非常广，可分为经纱和纬纱。经纱要求有较好的品质，强力较高，耐磨性较好；纬纱则要求强力较低，手感较柔软。

(2) 针织用纱：针织用纱是指用于针织物的纱线。与机织物相比，针织用纱要求洁净、均匀、手感柔软，纱线的均匀度要高，捻度略小于机织用纱。

(3) 缝纫线：缝纫线是用于缝制服装、鞋帽、包袋等的纱线。

(4) 刺绣线：刺绣线是用于服装、服饰刺绣的纱线。

(5) 编织、编结纱：编织、编结纱是用于编织、编结服装、装饰品的纱线。

5.按纱线构造方式分类

(1) 单纱：单纱是由纤维纺成的一根纱。

(2) 股线：股线是将两根或两根以上的单纱，经捻线机捻合而成的股线。

三、几类纱线的结构特征

1.短纤纱

短纤纱是由长短不一的短纤维沿纱线轴向取向并经加捻而形成的细长的纤维集合体。天然纤维的棉纤维、羊毛纤维、麻纤维都属于短纤维，化纤经过纺丝再切断也可得到涤纶短纤、丙纶短纤、黏胶短纤等。短纤维经过机械加工先使纤维大致平行取向，然后将它们交替拉伸捻合起来。利用捻度将纤维聚集紧捻在一起，使最后形成的纱线有一定的强度。重要的是：短纤维表面要有足够的摩擦系数，加捻使纤维束内各根纤维紧紧地抱合在一起形成自锁、不会散脱，由此使纱线成为结构稳定、形状细长并具备一定抗拉强度的柔性材料。短纤维纱线的外观特征可归纳为两点：①短纤维纱线的表面纤维以纱线中心为轴心以近似螺旋线形状卷绕在纱线的表面（见图 3-1）；②短纤维纱线的表面有大量纤维头端露出形成纱线毛羽。图 3-1 为环锭纺短纤纱外观图。图 3-2 列出了转杯纺、喷气纺、涡流纺、环锭纺、紧密纺、赛络纺等不同纺纱方法形成的短纤纱线的外观。

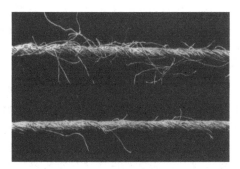

图 3-1　环锭纺短纤纱

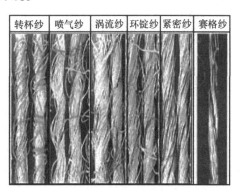

图 3-2　不同纺纱方法的短纤纱外观

2. 长丝纱

长丝纱是由连续的长丝组成的细长的纤维集合体。长丝的种类有涤纶长丝、锦纶长丝、黏胶长丝等化纤长丝和桑蚕丝。因为长丝纱含有长度无限的纤维，它们不需要短纤纱那样的高捻度，部分长丝纱是低捻度的，并可形成光洁而有光泽的纱线外观。长丝也可施以高捻度，成为使织物表面产生起皱效果的强捻纱。

常见的长丝纱外观如图 3-3 所示。长丝纱线的外观特征可归纳为两点：①长丝纱线（未加捻）内的纤维沿纱线轴向近似平行地排列，无皮芯结构；②长丝纱线（未加捻）表面无毛羽，全牵伸长丝的单纤维无卷曲，完全伸直且互相平行；加弹长丝的单纤维有卷曲，纱线有大量微小的丝弧、较为蓬松，纤维之间无缠结。空气变形长丝的单纤维有卷曲，纱线有大量微小的丝弧、较为蓬松，纤维之间有大量缠结。网络丝的单纤维有卷曲，纱线有大量微小的丝弧、较为蓬松，每隔一定间隔在纤维之间就形成一个缠结点，在这些点之间纤维基本无缠结。

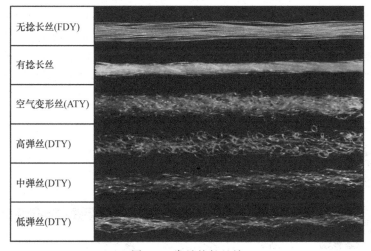

图 3-3　常见的长丝纱

根据组成长丝纱的纤维成分分类，长丝纱可分为：天然长丝纱和化纤长丝纱。桑蚕丝就

是一种天然长丝纱。根据长丝纱的外观及结构分类，可分为普通型（包括单丝、复丝、捻丝、复合捻丝）与变形丝（包括假捻变形纱的低弹、高弹丝，空气变形纱，网络丝等）。根据长丝纱的弹性可分为非弹力长丝（涤纶长丝、锦纶长丝、黏胶长丝等）与弹力长丝（氨纶弹力丝、PTT 弹力丝等）。

　　3. 长丝/短纤复合纱

　　长丝/短纤复合纱是短纤维和长丝捻合在一起而形成的纱线。复合纱的种类很多，而且名称不统一，概念模糊，混乱。长丝/短纤复合纱是由短纤维须条与长丝复合成纱构成的细长的纤维集合体，也称为双组分长/短纤复合纱线。一般短纤组分可以是各类短纤原料，长丝组分可以是涤纶长丝、锦纶长丝、黏胶长丝、氨纶丝、玻璃纤维长丝、金属丝等。

　　长丝/短纤复合纱根据复合纱外观及结构可分为：并捻纱、包芯纱、包覆纱、包缠纱。

　　(1) 并捻纱：也叫合捻线，合股线，由长丝和短纤维并列加捻而成的纱线，在横截面上看，长丝和短纤维各占一部分，就像股线一样。如图 3-4 所示。有代表性的并捻纱是将氨纶边拉伸边与其他无弹性的两根纱并合加捻而成，一般在加装了特殊喂纱装置的环锭捻线机上生产。氨纶丝能与各种纱线或长丝配合生产弹力合捻线，并适合小批量多品种生产，甚至一台捻线机可同时加工几个品种。在张紧状态下，氨纶丝与其他纱之间是互相捻绕的关系，因此纱线在张紧状态下氨纶丝外露，染色时易造成色花色差，不宜做深色产品。

　　(2) 包芯纱：是以长丝为纱芯，外包一种或几种短纤维而纺成的纱线。包芯纱的种类很多，主要有柔性长丝包芯纱、弹性长丝包芯纱和刚性长丝包芯纱三大类，柔性长丝包芯纱一般以涤纶和锦纶等柔性长丝为芯丝外包短纤维；弹性长丝包芯纱一般以氨纶、PTT 等弹性长丝为芯丝外包短纤维。刚性长丝包芯纱一般以不锈钢丝、铜丝等钢性长丝为芯丝外包短纤维。化纤长丝与短纤复合成纱，常见的如缝纫线，采用涤纶长丝作为芯丝，外包棉、涤纶短纤维。还有苎麻和涤纶长丝、羊毛与涤纶长丝，黏胶短纤与锦纶长丝、棉与涤纶长丝等生产的包芯复合纱。通过上述组合是希望借助化纤长丝作为芯组分为复合纱提供高模量和高强伸性以及复合纱织物的良好保形性、悬垂性和挺括性；希望借助短纤作为复合纱的皮组分为复合纱线提供天然纤维的手感、风格、蓬松性以及吸湿导湿性等。包芯纱的特点是纱线在拉伸状态下芯丝不外露，因此染色效果好，宜做包括深色在内的各种颜色的产品。如图 3-5 所示。

　　(3) 包覆纱：是以弹性长丝为芯，用无弹性的长丝或短纤维纱线按螺旋形的方式对伸长状态的氨纶丝予以包覆而形成的弹力纱。包覆纱与包芯纱的区别是，包覆纱中弹性长丝与外包层之间的芯鞘关系明显，芯丝无捻度，芯丝与外包层之间的抱合程度明显低于包芯纱和合捻线，因此其弹性高。包覆纱在张紧状态下有露芯现象，因此不宜做深色产品。

　　(4) 包缠纱：也叫包绕纱，是在无捻纤维束（短纤或长丝）的外周以长丝包缠而成的纱线。如图 3-6 所示。图 3-7 为棉包涤纶长丝的包芯纱电镜照片，图 3-8 为常见弹性复合纱外观图。

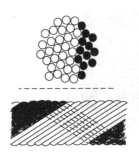 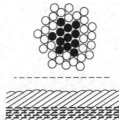 

图 3-4　并捻纱　　　　　图 3-5　包芯纱　　　　　图 3-6　包缠纱

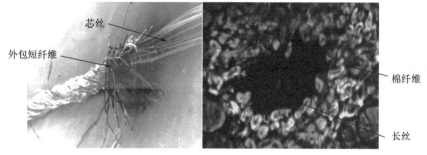

图 3-7　棉包涤纶长丝的包芯纱电镜照片

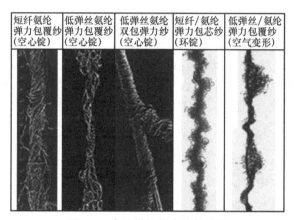

图 3-8　常见弹性复合纱外观图

4.花式纱线

花式纱线的主要特点是纱线的截面粗细不匀、有不同的色彩，还有小圈或结子等特殊的外观。图 3-9 所示的环锭纺竹节纱，图 3-10 所示为花式纱线（辫子纱、圈圈纱）。

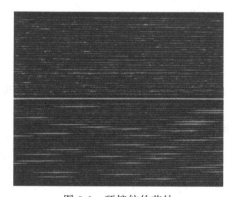

图 3-9　环锭纺竹节纱

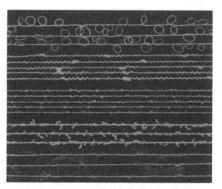

图 3-10　花式纱线（辫子纱、圈圈纱）

第二节　纱线的几何特征及其参数

一、纱线的细度

纱线的细度是指纱线的粗细程度。因为纱线表面有毛羽，截面形状不规则且易变形，纱

线的细度一般不以截面直径、周长或截面积来表示，而采用与纱线线密度有关的指标来间接表示纤维集合体纱线的粗细程度。纱线的细度指标可分为定长制和定重制两种。

1. 定长制

一定长度的纱线（或纤维）所具有的重量，它的数值越大，表示纱线越粗。

（1）纱线的线密度 Tt（单位是特克斯 或 特数，tex）：1000m 长度的纱线在公定回潮率时的重量克数。它是法定计量制单位。线密度越大，纱线越粗。

公式如下：
$$Tt = \frac{G_k}{L} \times 1000 \; ;$$

式中：Tt——纱线线密度，tex；

L——纱线长度，m；

G_k——纱线在公定回潮率时的重量，g。

另外几个常用的有关单位是：

千特：1ktex＝1000tex；   分特：1dtex＝0.1tex；   毫特：1mtex＝0.001tex

（2）纱线的旦数 D（旦尼尔）：旦数又称纤度，是指 9000 m 长度的纱线（或纤维）在公定回潮率时的重量克数。一般用于化纤长丝。旦数越小，纱线越细。

公式如下：
$$D = \frac{G_k}{L} \times 9000$$

式中：D——纱线旦数，旦；

L——纱线长度，m；

G_k——纱线在公定回潮率时的重量，g。

2. 定重制

定重制是指一定重量的纱线（或纤维）所具有的长度，它的数值越大，表示纱线越细。采用的指标有公制支数和英制支数。

（1）公制支数 N_m：在公定回潮率时每克重纱线所具有的长度米数。

公式如下：
$$N_m = \frac{L}{G_k}$$

式中：N_m——纱线公制支数，公支；

L——纱线长度，m；

G_k——纱线在公定回潮率时的重量，g。

（2）英制支数 N_e：指在英制公定回潮率时每磅纱线所具有的长度为 840 码的倍数。

公式如下：
$$N_e = \frac{L_e}{840G_{ek}}$$

式中：N_e——纱线英制支数，英支；

L_e——纱线长度，码；

G_{ek}——纱线在公定回潮率时的重量，磅。

二、纱线捻度和捻向

纺纱过程中将纤维条回转搓捻，使纤维相互抱合成纱的工艺称为加捻。短纤维纺纱必须加捻；长丝在加工过程中虽不加捻，但由于高速卷绕，也稍有捻回存在。

捻度是纱线单位长度内的捻回数（一个捻回即回转 360°），是表示纱线加捻程度指标之一。

所以捻度公式为：
$$T = \frac{n}{L}$$

式中：T——捻度，r/m；

n——回转的转数（即 360°的个数）；

L——长度，m。

通常短纤维纱的 L 的单位取"10cm"，长丝取"m"，分别以 T_t 和 T_m 来表示。根据回转方向区别，有 Z 捻和 S 捻两种捻向，如图 3-11 所示。

S捻　　　　Z捻

图 3-11　纱线的捻向

三、纱线规格的表示

国家标准规定，纱线的细度统一使用特克斯制。纱线的规格应标明纱线粗细、有否加捻、所加捻度和捻向及并合的股数。

(1) 单纱：对于单纱表示为：（特数）tex（捻向）（捻度）；如 40texZ66，即表示：特数为 40 tex 的单纱，捻向 Z 捻，捻度为 66 捻/10cm。

(2) 捻线：对捻线表示为：（特数）tex（单纱捻向）（单纱捻度）×（股数）（并合捻向）（并合捻度）；如 34texS 60×2Z40，即表示：特数为 34tex 的单纱，其捻向为 S 捻，捻度为 60 捻/10cm，2 股合并，并合捻向为 Z 捻，捻度为 40 捻/10cm。

(3) 无捻长丝：对无捻长丝表示为：（分特数）dtex /（单丝数）f to；如 133dtex/ 40f to，即表示 133dtex 的长丝，由 40 根单丝并合而成，并合后不加捻。to 是不加捻的符号，f 为长丝符号。

(4) 加捻长丝：对加捻长丝表示为：（分特数）dtex/（单丝数）f（捻向）（长丝捻度）R（加捻后分特数）dtex；如 133dtex/ 40f S 100 R 136dtex；表示线密度为 133dtex 长丝，由 40 根单丝并成，捻向为 S 捻，捻度为 100 捻/10cm，加捻后线密度为 136dtex 的捻丝。

四、常用的有关纱线的代号

表 3-2　有关纱线的常用代号

短纤维纱代号	意　义	长丝纱代号	意　义
C	普梳棉	UDY	未牵伸丝
L	麻	DT	牵伸（拉伸）加捻丝
W	毛	DTY	假捻变形丝（低弹丝）
S	真丝	POY	预取向丝
PET 或 T	涤纶长丝	FDY	全拉伸丝
Tencel	天丝	FOY	完全取向丝
Modal	莫代尔	WDS	拉伸整经上浆丝

续表

短纤维纱代号	意　义	长丝纱代号	意　义
R	黏胶纤维	ATY	空气变形丝
PA 或 Nylon	锦纶	NSY	网络丝
Spandex	氨纶	HDIY	重旦产业用丝
JC	精梳棉	B	有光丝(含 TiO$_2$ 0.1%)
OE	转杯纱	SD	半消光丝(含 TiO$_2$ 0.3%~0.5%)
M	色纺纱	FD	全消光丝(含 TiO$_2$ 2.5%)
CVC、C/T55/45	倒比例棉/涤混纺纱	SB	超有光丝(不含 TiO$_2$)
JCVC、JC/T	倒比例精梳棉/涤纶混纺纱	BCF	热流变形纱

思考题

(1) 说明短纤纱、长丝纱、长短纤复合纱以及花式纱的结构特点及其形态特征?

(2) 试分析说明如何区分短纤纱、长丝纱、长短纤复合纱以及花式纱?

(3) 怎样表示纱线的细度?为什么要使用定长制或定重制来表示纱线的细度?

(4) 分别给出公制支数、英制支数、线密度的定义以及计算公式。说明它们相互间的换算关系?

(5) 在实验室公定回潮率条件下,量取三种纱线的长度200m,在天平上称得的质量分别为甲 9.6g;乙 13.2g;丙 24.8g,试求甲、乙、丙三种纱线的线密度 Tt 与旦数 D,并比较它们的粗细。

(6) 在实验室公定回潮率条件下,量取三种纱线的长度200m,在天平上称得的质量分别为甲 9.6g;乙 13.2g;丙 24.8g,试求甲、乙、丙三种纱线的公制支数 N_m,并比较它们的粗细。

(7) 在实验室公定回潮率条件下,用天平分别称取三种纱线的重量,甲纱线 9.6g;乙纱线 13.2g;丙纱线 24.8g,已知甲、乙、丙三种纱线的线密度分别为 14.5 tex,16 tex 和 24.5 tex,求甲、乙、丙三种纱线的长度米数?

实训题

(1) 收集5种纱线,分析形态结构及其在服装中的应用。

(2) 收集5种花式纱线,分析其形态结构及其在服装中的应用。

第四章
纺纱技术

本章知识要点：

1. 掌握纺纱的基本理论；
2. 掌握短纤维纺纱工艺流程及各工序工作设备的名称与工作原理；
3. 了解各类新型纺纱的工艺原理及其特点。

第一节　纺纱基本作用

由一种纤维集合形态建立起另一种纤维集合形态，首先要做的是对原集合形态的彻底破除，即将大块束、相互纠缠、排列紊乱的原纤维集合形态予以彻底松解，直至单纤维状态，同时逐步建立起所希望的纤维集合形态，即纤维平行顺直、沿轴取向排列的连续线状集合形态，并通过一定技术手段增加集合体中纤维之间的联系，使之具有一定的机械物理性质。因此，纺纱过程的基本矛盾是松解和集合的矛盾，是一个"集合→松解→集合"的过程。

在现代纺纱加工过程中，松解通过两个基本作用实现——开松和梳理；松解后的集合亦通过两个作用实现——牵伸和加捻。

一、开松

开松是利用表面带有角钉、锯齿、刀片、梳针等的机件，对纤维块、束进行撕扯、打击、分割、分梳，将大块、束状的纤维分解成小块、束状。开松的前提是尽可能少地损伤纤维。

二、梳理

梳理是利用表面带有钢针、锯齿的机件的工作面之间对小纤维块、束进行分梳，将小纤维块束分解成单纤维状态，并将分梳后的纤维，制成连续长条状纤维集合体——条子（棉纺及精梳毛纺）或粗纱（粗梳毛纺）。梳理同样要注意纤维的损伤问题。

三、牵伸

牵伸即将条状纤维集合体抽长、拉细，直至要求的细度（定量）。由于前罗拉钳口的线速度大于后罗拉钳口的线速度，使得纱条在牵伸区中被抽长、牵细。由于牵伸过程中须条中的纤维间产生了相对摩擦、滑移，可使须条中残留的小纤维束进一步分解，纤维的伸直度、平行度、取向度进一步提高。

四、加捻

使纱条绕其本身轴线回转，或通过纱条外围边缘纤维包缠等方法使纱条紧密，具有一定的机械物理性质。

开松、梳理、牵伸、加捻四个基本作用构成了纺纱加工的主线，基本作用缺一不可。图4-1为纺纱的基本理论体系。图中两根虚线的涵义是梳理后的成条初步实现了纤维的集合，而牵伸过程中仍有松解的效果。

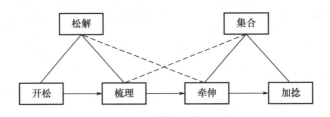

图 4-1　纺纱基本理论体系

第二节　纺纱工艺流程

如前所述，纺纱加工过程是一个多工序、多设备的加工过程。不同的纺纱原料、不同的成纱质量要求，纺纱的工艺流程也不同，形成了不同的纺纱系统。

按照纺纱原料的不同，纺纱系统可以分为棉型纺纱系统（简称棉纺系统）、毛型纺纱系统、麻纺系统和绢纺系统等。每种纺纱系统，因原料的差异和纱线产品的最终用途和质量要求不同，又可分为不同的纺纱子系统。

以棉型纺纱系统为例，可加工原棉、长度与原棉接近的其他纤维（如棉型化纤、麻纺落麻、切断长度与棉接近的绢丝等）、中长化纤。根据产品质量的要求不同，可采用精梳纺纱系统、普梳（粗梳）纺纱系统等。

纱形成后，由于后道加工、运输以及进一步提高性能和质量的需要，通常还必须进行继续加工，即后加工，最终产品不同（单纱或股线），对产品的质量要求不同，后加工工序也有所不同。

一、棉纺系统

（一）普梳系统

适用于纺中、粗特纯棉纱。其加工工艺流程为：

原棉→配棉→清梳联（或开清棉→梳棉）→并条（2～3道）→粗纱→细纱→后加工→棉型纱或线

（二）精梳系统

适用于生产细特棉纱及对成纱和质量要求高的特种用纱。其加工工艺流程为：

原棉→配棉→清梳联（或开清棉→梳棉）→精梳准备→精梳→并条（1～2道）→粗纱→细纱→后加工→纱或线

（三）废纺系统

适用于利用纺纱各工序产生的回花、下脚等原料及低品级原棉加工低档粗特纱。其工艺流程为：

下脚、回丝等→开清棉→梳棉→粗纱→细纱→副牌纱

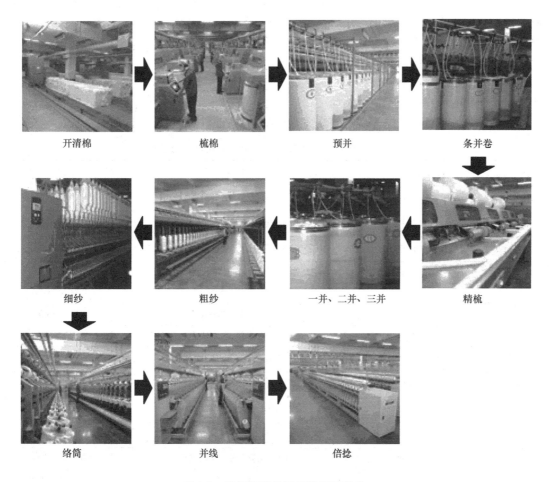

图 4-2 纯棉精梳纺纱系统车间实景

（四）棉与化纤混纺系统

图 4-2 为纯棉精梳纺纱系统车间实景。由于棉与化纤原料性质差异大，在纺制混纺纱时，采用分别制条再经过并合的方法实现混和。以涤/棉混纺为例，其混纺纱也有精梳系统和普梳系统两类。

1. 精梳系统

原棉→原料选配→清梳联（或开清棉→梳棉）→精梳准备→精梳→精梳棉条

涤纶→原料选配→清梳联→预并条→涤纶条

精梳棉条＋涤纶条→头道并条→二道并条→三道并条→粗纱→细纱→后加工→涤/棉混

纺精梳纱或线

2.普梳系统

原棉→原料选配→清梳联（或开清棉→梳棉）→预并条→棉条

涤纶→原料选配→清梳联→预并条→涤纶条

棉条＋涤纶条→头道并条→二道并条→三道并条→粗纱→细纱→后加工→涤棉混纺普梳纱或线

纺纱的制条工程有成卷和不成卷两种工艺，成卷工艺是原料经开清棉和梳棉两道工序制成棉条，而不成卷工艺即采用清梳联，开清棉加工后的原料不再制成成卷而直接以气流输送的方式将散纤维输送到梳棉机。由专用清梳联喂棉箱将散纤维实时制成棉层喂入梳棉机。

常用的纺纱后加工流程有：

细纱→络筒（→摇纱）

细纱→并纱→捻线→络筒

细纱→烧毛→并纱→捻线→络筒

上述工艺流程各工序所实现的作用、半制品的名称及所用设备名称见表4-1。

表 4-1　纺纱加工各工序的作用、制品及所用设备

工序	设备	作用	制品
开清棉	开清棉联合机(组)	开松、除杂、均匀、混和、卷绕(棉卷成形)	棉卷
梳棉	梳棉机	梳理、除杂、均匀、混和、制条、卷绕	条子(生条)
清梳联	清梳联合机	开松、梳理、除杂、均匀、混和、制条、卷绕	条子(生条)
精梳准备	预并条机	牵伸、并合(均匀、混和)、圈条成形	条子
	条卷机	并合、牵伸、卷绕成形	精梳小卷
	并卷机	并合、牵伸、卷绕成形	精梳小卷
	条并卷联合机	并合、牵伸、卷绕成形	精梳小卷
精梳	精梳机	梳理、除杂、并合、牵伸、圈条成形	精梳条
并条(1~3道)	并条机	牵伸、并合(均匀、混和)、圈条成形	条子(半熟条、熟条)
粗纱	粗纱机	牵伸、加捻、卷绕成形	粗纱
细纱	细纱机	牵伸、加捻、卷绕成形	细纱
后加工	络筒机	接续、清除纱疵、卷绕成形	筒子纱(或线)
	摇纱机	卷绕成形	绞纱(用于染整加工)
	并纱机	清除纱疵、卷绕成形	并纱(用于合股加捻制成股线)
	捻线机	加捻、卷绕成形	股线
	并捻联合机	并纱、捻线(加捻)、卷绕成形	股线
	倍捻机	加捻、卷绕成形	股线
	并倍捻联合机	并纱、捻线、卷绕成形	股线

各主要半制品及其卷装形态如图4-3所示。

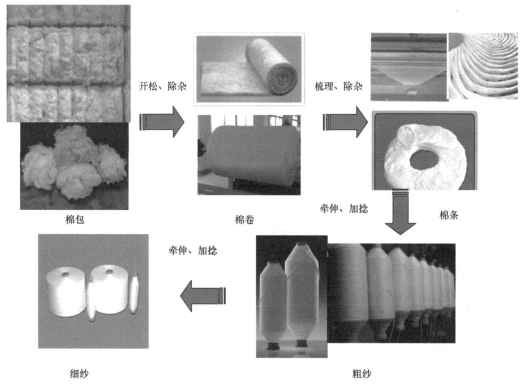

开松、除杂　　　　梳理、除杂

棉包　　　　　　　棉卷　　　　　　　　　　　　　　　棉条

牵伸、加捻

牵伸、加捻

细纱　　　　　　　　　　　　　粗纱

图 4-3　纺纱加工各工序半制品

二、其他纺纱系统

（一）毛纺系统

用于毛纺系统的原料有羊毛、毛型化纤、特种动物毛等（纱线 50tex 以上，毛纤维 33～55mm）。毛纺系统分粗梳毛纺系统、精梳毛纺系统和半精纺系统。

1.粗梳毛纺系统

粗梳毛纺系统适纺原料有羊毛、羊绒、骆驼绒毛、牦牛绒毛、兔毛、化纤和再生毛等，主要产品有粗纺呢绒、毛毯和工业用织物以及粗纺针织物。梳毛机附有成条机，将输出的毛网分割成窄的毛带，再经搓合形成粗纱条。其工艺流程为：

原毛→初加工［洗毛（开、洗、烘联合机等）→炭化（散毛炭化联合机）→散毛染色（散毛染色机）→脱水（脱水机）→烘干（散毛烘干机）］→选配毛→和毛加油（和毛机）→梳毛（梳毛机）→细纱（细纱机）→后加工（络筒机等）→粗纺毛纱

2.精梳毛纺系统

精梳毛纺系统所用原料主要为羊毛和毛型化纤，所纺线密度范围为 13.9～50tex，工序多、流程长，可以分为制条和纺纱两大部分，纺纱又可分为前纺和后纺两部分。

纺纱工艺流程为：

原毛→初加工→制条→精梳成品条→前纺→后纺→毛精梳纱线

制条：原毛→初加工→选配毛→和毛加油（和毛机）→梳毛（梳毛机）→理条 2～3 道｛头道针梳→二道针梳→［复洗→复洗针梳（一般不复洗）］→三道针梳｝→精梳→整条 2 道（四道针梳→末道针梳）→成品条

前纺：混条→头道针梳→二道针梳→三道针梳→末道针梳→粗纱

后纺：细纱→并纱→捻线→蒸纱→络筒

多数厂还设有毛条染色和复精梳的条染复精梳工序，即毛条染色后的再进行第二次精梳。

条染复精梳：成品毛条→条染色复精梳 {绕球机松球→毛球装筒→常温常压染色［高温高压染色（涤纶）］→脱水→复洗→针梳→针梳→针梳→复精梳→针梳→针梳}→前纺→后纺

3.半精梳毛纺系统

半精纺系统介于粗梳系统和精梳系统之间，并可采用部分棉纺设备纺制毛纱，所纺线密度范围为25~50tex。

半精纺纺纱工艺流程为：选毛→洗毛（洗净毛）→和毛加油→梳毛→2~3道针梳→粗纱→细纱→并纱→捻线→络筒→半精纺纱

采用棉纺设备加工毛纤维的半精纺流程为：毛纺和毛机→梳棉机→棉并条机→棉粗纱机→棉细纱机→络筒机→并纱机→倍捻机→半精纺股线

（二）麻纺纺纱系统

1.苎麻纺纱系统

工艺流程：精干麻→梳前准备→梳麻→精梳前准备2道→精梳→精梳后并条3~4道→粗纱→细纱→后加工→苎麻成品纱

2.亚麻纺纱系统

亚麻纺纱系统可分为长麻纺系统和短麻纺系统，前者用于加工经过初加工的亚麻工艺纤维，后者用于加工长麻纺的落麻、回麻。

亚麻长麻纺纱系统的工艺流程为：打成麻→梳前准备→梳麻（栉梳）→成条前准备→成条→并条5道→粗纱→煮漂→湿纺细纱→后加工→亚麻长麻成品纱

亚麻短麻纺纱系统的工艺流程为：落麻→开清及梳前准备→梳麻→并条→精梳→并条3~4道→粗纱→煮漂→细纱→后加工→亚麻短麻成品纱

亚麻短纺中的精梳落麻还可采用棉纺设备进行加工。

3.黄麻纺纱系统

所用原料为经过初加工的黄麻工艺纤维，成纱主要用于麻袋等包装材料，质量要求低，纺纱工艺流程短。

工艺流程：原料→梳麻前准备→梳麻（2道）→并条（2~3道）→细纱→黄麻纱

（三）绢纺系统

绢纺纺纱系统所使用原料为不能缫丝的疵茧和丝织废丝，分绢丝纺系统和䌷丝纺系统。

1.绢丝纺系统

用于纺制细的纱线，用于薄型高档绢绸。其纺纱流程为：绢纺原料→初步加工（精练）→制绵→纺纱→绢纺纱线

绢丝纺系统由精练工程、制绵工程和纺纱工程组成。

（1）精练工程：由于原料中含有大量的丝胶、油脂和蜡等，本工序实际就是脱脂与脱胶，使丝纤维洁白并呈现出丝纤维固有的光泽，同时使纤维易于松解以及以后的机械加工。处理后的原料叫精干绵。

（2）制绵工程：对精干绵进行加工。对精干绵进行适当混和，细致开松，除去杂质、绵粒和短纤维，制成纤维伸直平行度好、分离度好且具有一定长度的精绵。因丝纤维很长，需用切绵将丝纤维切成一定的长度，以便后工序的梳理和牵伸，然后用圆梳或精梳工艺排除短

纤维、杂质和疵点。制绵工程分圆梳制绵、精梳制绵两种工艺。

圆梳制绵：适合绢丝纤维细、长、乱的特点，精绵绵粒少，但工艺流程长，劳动强度大，生产率低。所用设备为圆梳机，加工流程为：

精干绵→选别→给湿→配绵（调和）→开绵→切绵→圆梳（Ⅰ）→

精绵（Ⅰ）圆梳（Ⅰ）落绵（Ⅰ）→切绵→圆梳（Ⅱ）→

精绵（Ⅱ）圆梳（Ⅱ）落绵（Ⅱ）→切绵→圆梳（Ⅲ）→

精绵（Ⅲ）圆梳（Ⅲ）落绵（Ⅲ）→紬丝纺系统原料

精梳制绵工艺流程短，劳动强度低，但制绵质量不如圆梳制绵。其工艺流程为：

精干绵→选别→给湿→配绵（调和）→开绵→罗拉梳绵→胶圈牵伸→针梳→直型精梳→精绵

（3）纺纱工程：纺纱工程由并条工程（配绵、2道延展、制条、3道练条）、粗纱工程（包括延绞、粗纱）、细纱工程和并捻、整理等后加工工序。其工艺流程为：

精绵→配绵→延展2道→制条→练条3道→延绞→粗纱→细纱→后加工→绢丝纱线

2. 紬丝纺系统

紬丝纺所用原料为制绵工程中末道圆梳机的落绵。纺纱可采用棉纺普梳系统、转杯纺纱系统或粗梳毛纺系统，加工较粗的绢丝纱线，获得的纱线手感松软、表面具有毛茸和绵结，其织物称绵绸。

下面以棉纺系统为例介绍纺纱加工各工序的作用及所用设备的工作原理。

第三节 棉纺系统工序与设备

一、原料选配（配棉）

配棉，即根据纺纱实际要求，合理选择多种原棉搭配使用，充分发挥不同原棉的特点，达到提高产品质量、稳定生产、降低成本的作用。原料的性质在很大程度上决定了纱线的性能；原料性质的波动会直接造成产品质量的波动，同时，原料成本也占纱线成本的70%～80%，因此原料选配工作至关重要。

配棉方法一般采用分类排队法。分类就是根据原棉的性质和各种成纱的不同要求，把适纺某类纱的原棉划为一类，组成该种纱线的混合棉。排队就是在分类的基础上将同一类原棉分成几个队，把地区、性质相近的原棉排在一个队内，当一批原棉用完时，将同一队内另一批原棉接替上去。

二、开清棉

（一）开清棉工序的任务

开松：通过开清棉联合机各单机中的角钉、打手的撕扯、打击作用，将棉包中压紧的块状纤维松解成0.3～0.5g重的小棉束，为除杂和混和创造条件，为分离成单纤维作准备。开松过程中尽量减少杂质碎裂和纤维损伤。

除杂：在开松的同时，去除原棉中50%～60%的杂质，尤其是棉籽、籽棉、不孕籽、砂土等大杂。应减少可纺纤维的下落，节约用棉。

混和：将各种原料按配棉比例充分混和，原棉开松好，混和也愈均匀。

均匀成卷：制成一定重量、一定长度且均匀的棉卷，供下道工序使用。当采用清梳联时，则输出棉流到梳棉工序各台梳棉机的储棉箱中。

(二) 开清棉设备及其作用原理

开清棉工序的任务是由开清棉联合机来完成的，而开清棉联合机是由一系列实现不同主要作用的机械组合而成，这些机械依靠连接机械，如凝棉器或风机连接，实现各机台间的纤维输送。组成开清棉联合机的设备类型包括抓棉机械、开棉机械、棉箱机械等。

1.抓棉机械

抓棉机是开清棉联合机中的第一台单机，它的打手从按配棉成分排列的纤维包阵里顺序抓取原料，供下一机台加工，在抓棉过程中具有初步的开松与混和作用。自动抓棉机按其结构特点可分为两大类：环行式自动抓棉机 (图4-4) 和直行往复式自动抓棉机 (图4-5)。

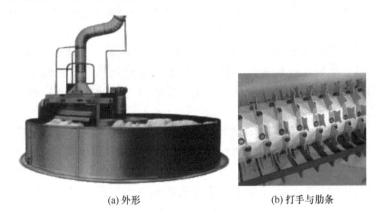

(a) 外形　　　　　　　　　(b) 打手与肋条

图 4-4　环行式自动抓棉机

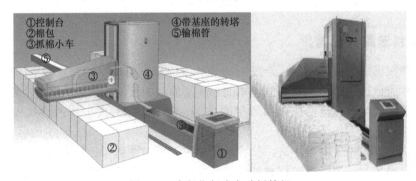

①控制台　　　④带基座的转塔
②棉包　　　　⑤输棉管
③抓棉小车

图 4-5　直行往复式自动抓棉机

2.开棉机械

开棉机械型号繁多，除了常见的轴流开棉机、多辊筒开棉机、豪猪开棉机机型外，还有六辊筒开棉机、多刺辊开棉机、混开棉机、精开棉机等，但其作用原理基本相同，都是通过打手与尘格 (或除尘刀、分梳板、吸口等组成的托持、排杂附件组合) 的配合，对原料进行开松、除杂，各机的区别一般体现在打手的形式、打手的数量及属于自由打击还是握持打击，这里不再赘述。

3.棉箱机械

棉箱机械具有较大棉箱和角钉机件，大的棉箱对原料进行混和，而角钉机件对原料进行扯松，去除杂疵。棉箱机械主要包括自动混棉机 (图4-6)、双棉箱给棉机、多仓混棉机等 (图4-7)。

多仓混棉机是开清棉流程中实现混和作用的主要机台，其混和原理均是利用时差实现先后喂入的原料的混和，但不同的机型，作用的原理有所不同，典型的机型有FA022型和FA025型。

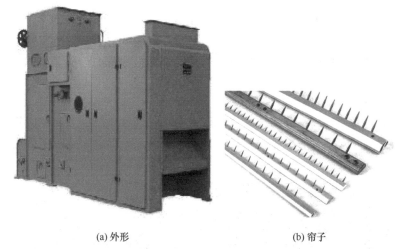

(a) 外形　　　　　　　　　　　(b) 帘子

图 4-6　自动混棉机

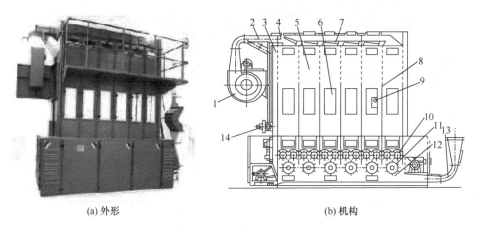

(a) 外形　　　　　　　　　　　(b) 机构

图 4-7　FA022 型多仓混棉机

1—输棉风机；2—进棉管；3—回风道；4—配棉道；5—储棉仓；6—观察窗；7—活门；8—隔板；9—光电管；
10—输棉罗拉；11—打手；12—混棉道；13—出棉管；14—电动机构

三、梳棉

(一) 梳棉工序的任务

经过开清棉联合机加工后，棉卷或散棉中纤维多呈松散棉块、棉束状态，并含有 40％～50％ 的杂质，其中多数为细小的、粘附性较强的纤维性杂质（如带纤维破籽、籽屑、软籽表皮、棉结等），所以必须将纤维束彻底分解成单根纤维，清除残留在其中的细小杂质，使各配棉成分纤维在单纤维状态下充分混和，制成均匀的棉条以满足后道工序的要求。梳棉工序的任务是：

1. 分梳

在尽可能少损伤纤维的前提下，对喂入棉层进行细致而彻底的分梳，使束纤维分离成单纤维状态。

2. 除杂

在纤维充分分离的基础上，彻底清除残留的杂质疵点。

3.均匀混和

使纤维在单纤维状态下充分混和并分布均匀。

4.成条

制成一定规格和质量要求的均匀棉条并有规律地圈放在棉条筒中。梳棉工序的任务是由梳棉机来完成的。

（二）梳棉机的机构与作用原理

梳棉机有棉卷喂入梳棉机和清梳联棉箱喂入梳棉机两种类型，二者的区别在于前者后部为棉卷架，后者后部安装有清梳联喂棉箱，其外形如图4-8所示。清梳联梳棉机的机构如图4-9所示。

(a) 棉卷喂入梳棉机

(b) 清梳联梳棉机

图 4-8　梳棉机外形

清梳联喂棉箱中的棉层由出棉罗拉 21 输出，经导棉板 20 的引导进入梳棉机，在给棉罗拉 18 和给棉板 19 的握持下，受到高速回转的、表面包覆锯齿的刺辊 16 的分梳，刺辊一边分梳，一边带走抓取的纤维层，由于刺辊回转的线速度是棉层喂入线速度的上千倍，因此刺辊带走的、位于刺辊表面的纤维层很薄，在刺辊的离心力及刺辊下方除尘刀 15 与吸口 17 的共同作用下，刺辊纤维层中的杂质、部分短绒和细小尘杂得以排除。当刺辊携带纤维层进入刺辊～锡林工作区时，由于锡林针面与刺辊针面的针齿配置关系，刺辊针面纤维层被锡林 13 的针面所剥取，覆盖在锡林针面原有的纤维层上（并合与混合），一起向前运动，在后固定盖板 22 和吸口 23 的作用下，受到梳理作用并排除部分细小尘杂和短绒。锡林携带纤维层进入与回转盖板 24 组成的锡林～盖板大梳理区，纤维层在锡林和盖板两个针面间反复转移并分梳，同时实现良好的均匀混和作用（纤维在两个针面之间转移和分梳及两针面吸放纤维）。走出锡林盖板工作区后，锡林针面纤维层又在前固定盖板 12 和吸口 11 的作用下受到梳理并排除部分短绒和细小尘杂。由于盖板针面抓取纤维能力弱，所以在离开锡林盖板工作区时，盖板针面携带的纤维层以短绒喂入，同时还有嵌塞在针齿间的杂质。走出工作区的盖板受到清洁装置 25 的清洁所用，盖板携带的纤维和杂质被剥下，形成盖板花，被吸口吸走。当锡林针面与道夫 8 相遇时，纤维层又受到两个针面的分梳作用，部分纤维被道夫针面抓取，向前输出，锡林针面剩余纤维层则随锡林回转返回。锡林下方有大漏底和吸口 14，在托持锡林针面纤维层的同时，排除部分细小尘杂和短绒。道夫携带的纤维层在遇到剥棉罗拉 5 时被剥下，并由上下轧辊 4 输出，经喇叭口 3 汇聚成一根棉条后，由一对大压辊 2 紧压后，由圈条器圈放在棉条筒 1 中。全机所有吸口吸取的含有细小尘杂和落棉的气流，由总风管 26 汇集，输送到滤尘机组集中过滤处理。

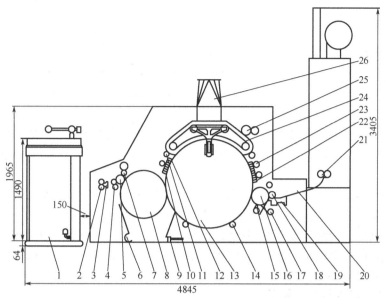

图 4-9　梳棉机的机构

1—条筒；2—大压辊；3—喇叭口；4—轧辊；5—剥棉罗拉；6—吸口；7—清洁辊；8—道夫；9—进风口；
10、11—吸口；12—前固定盖板；13—锡林；14—大漏底吸口；15—除尘刀；16—刺辊；17—吸口；
18—给棉罗拉；19—给棉板；20—导棉板；21—出棉罗拉；22—后固定盖板；23—吸口；
24—回转盖板；25—盖板清洁装置；26—排尘总风管

四、精梳准备

(一)精梳准备的任务

将生条制成适合精梳机喂入、加工的小卷。提高小卷中纤维的伸直度、平行度与分离度，以减少精梳时纤维损伤和梳针折断，减少落棉中长纤维的含量，有利于节约用棉。

(二)精梳准备机械

精梳准备机械有预并条机、条卷机、并卷机和条并卷联合机四种，除预并条机为并条工序通用的机械外，其他三种皆为精梳准备专用机械。

(三)精梳准备的工艺流程

精梳前准备工艺流程有以下三种：

1.预并条机→条卷机

这种流程的特点是机器少，占地面积小，结构简单，便于管理和维修；由于牵伸倍数较小，小卷中纤维的伸直平行度不够，且由于采用棉条并合方式成卷，制成的小卷有条痕，横向均匀度差，精梳落棉多。

2.条卷→并卷

其特点是，小卷成形良好，层次清晰，且横向均匀度好，有利于梳理时钳板的握持，落棉均匀。适于纺特细特纱。

3.预并条→条并联合机

这种工艺的特点是小卷并合次数多，成卷质量好，小卷的重量不匀率小，有利于提高精梳机的产量和节约用棉。但在纺制长绒棉时，因牵伸倍数过大易发生粘卷，且此种流程占地面积大。

五、精梳

(一) 精梳工序的任务

(1) 排除短纤维，以提高纤维的平均长度及整齐度，改善成纱条干，减少纱线毛羽，提高成纱强力。一般梳棉生条中的短纤维含量约占12%～14%，当精梳工序落棉率为13%～16%时，可排除生条中的短纤维约为40%～50%。

(2) 排除条子中的杂质和棉结，以减少细纱断头和成纱疵点，提高成纱的外观质量。例如在正常工艺条件下，精梳工序可排除生条中的杂质约为50%～60%，棉结约为10%～20%。

(3) 使条子中纤维伸直、平行和分离，以利于提高纱线的条干、强力和光泽。梳棉生条中的纤维伸直度仅为50%左右，精梳工序可把纤维伸直度提高到85%～95%。

(4) 并合均匀、混和与成条。通过喂入时的并合，使不同条子中的纤维充分混和均匀；并制成精梳条，以便下道工序加工。例如，梳棉生条中的重量不匀率为2%～4%左右，而精梳制成的棉条重量不匀率约为0.5%～2%。

(二) 精梳机机构与工作原理

精梳工序的任务是由精梳机完成的。如图4-10所示为精梳机的外形及结构。

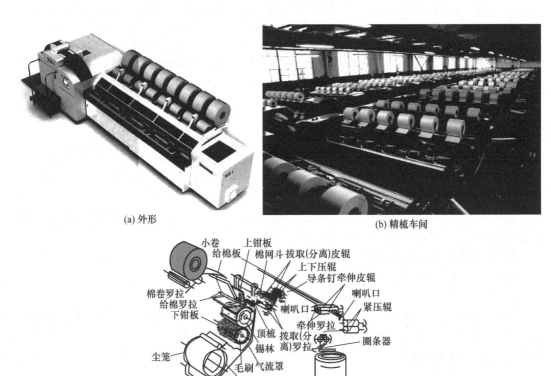

(a) 外形

(b) 精梳车间

(c) 结构

图4-10　精梳机的外形与结构

精梳机虽有多种机型，但其工作原理基本相同，即都是周期性地梳理棉丛的两端，梳理过的棉丛与分离罗拉倒入机内的棉网接合，再将棉网输出机外。

小卷放在一对棉卷罗拉上，随棉卷罗拉的回转而退解棉层，经导棉板喂入置于钳板上的给棉罗拉与给棉板组成的钳口之间。给棉罗拉周期性间歇回转，每次将一定长度的棉层（给棉长度）送入上、下钳板组成的钳口。钳板做周期性的前后摆动，在后摆中途，钳口闭合，有力地钳持棉层，使钳口外棉层呈悬垂状态。此时，锡林上的梳针面恰好转至钳口下方，针齿逐渐刺入棉层进行梳理，清除棉层中的部分短绒、结杂和疵点。随着锡林针面转向下方位置，嵌在针齿间的短绒，结杂、疵点等被高速回转的毛刷清除，经风斗吸附在尘笼的表面，或直接由风机吸入尘室。锡林梳理结束后，随着钳板的前摆，须丛逐步靠近分离罗拉钳口。与此同时，上钳板逐渐开启，梳理好的须丛因本身弹性而向前挺直，分离罗拉倒转，将前一周期的棉网倒入机内，当钳板钳口外的须丛头端到达分离钳口后，与倒入机内的棉网相叠合而后由分离罗拉输出。在张力牵伸的作用下，棉层挺直，顶梳插入棉层，被分离钳口抽出的纤维尾端从顶梳片针隙间拽过，纤维尾端黏附的部分短纤、结杂和疵点被阻留于顶梳针后边，待下一周期锡林梳理时除去。当钳板到达最前位置时，分离钳口不再有新纤维进入，分离结合工作基本结束。之后，钳板开始后退，钳口逐渐闭合，准备进行下一个工作循环。由分离罗拉输出的棉网，经过一个有导棉板的松弛区后，通过一对输出罗拉，穿过设置在每眼一侧并垂直向下的喇叭口聚拢成条，由一对导向压辊输出。各眼输出的棉条分别绕过导条钉转向90°，进入三上五下曲线牵伸装置。牵伸后，精梳条由一根输送带托持，通过圈条集束器及一对检测压辊圈放在条筒中。

六、并条

并条工序的任务包括：

（1）并合：将6～8根棉条并合喂入并条机，制成一根棉条，由于各根棉条的粗段、细段有机会相互重合，可改善条子长片段不匀率。生条的重量不匀率约为4%左右，经过并合后熟条的重量不匀率应降到1%以下。

（2）牵伸：即将条子抽长拉细到原来的程度，同时经过牵伸改善纤维的状态，使弯钩及卷曲纤维得以进一步伸直平行，使小棉束进一步分离为单纤维。经过改变牵伸倍数，有效的控制熟条的定量，以保证纺出细纱的重量偏差和重量不匀率符合国家标准。

（3）混和：用反复并合的方法进一步实现单纤维的混和，保证条子的混棉成分均匀，稳定成纱质量。由于各种纤维的染色性能不同，采用不同纤维制成的条子，在并条机上并合，可以使各种纤维充分混和，这是保证成纱横截面上纤维数量获得较均匀混和，防止染色后产生色差的有效手段，尤其是在化纤与棉混纺时尤为重要。

（4）成条：将并条机制成的棉条有规则的圈放在棉条筒内，以便搬运存放，供下道工序使用。

并条机机构原理见精梳准备部分并条机介绍，这里不再赘述。

并条工序在纺普梳纱时一般采用两道；纺精梳纱时，因精梳机本身有并合作用，所以精梳后可采用一道并条；在纺棉与化纤混纺纱时，为了保证充分的混和效果，一般采用三道混并。

七、粗纱

（一）粗纱工序的任务

（1）牵伸：将棉条抽长拉细5～12倍，并使纤维进一步伸直平行。

（2）加捻：由于粗纱机牵伸后的须条截面纤维根数少，伸直平行度好，故强力较低，所以需加上一定的捻度来提高粗纱强力，以避免卷绕和退绕时的意外伸长，并为细纱牵伸做准备。

（3）卷绕成形：将加捻后的粗纱卷绕在筒管上，制成一定形状和大小的卷装，以便储存、搬运和适应细纱机上的喂入。

（二）粗纱机的机构及工作原理

粗纱机分悬锭式粗纱机和竖锭式粗纱机两类，目前新兴粗纱机均为悬锭式。悬锭粗纱机的外形及结构如图 4-11 所示。

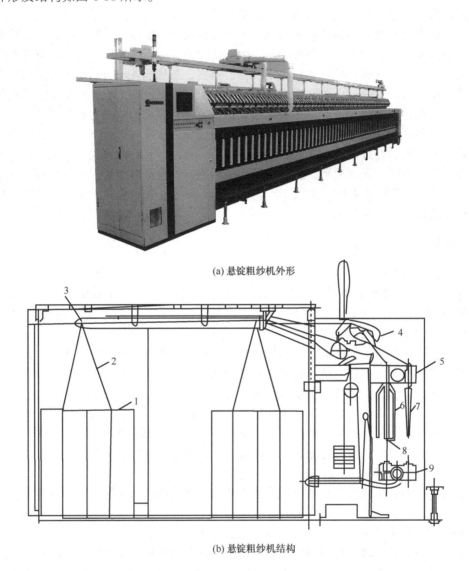

(a) 悬锭粗纱机外形

(b) 悬锭粗纱机结构

图 4-11　悬锭粗纱机外形与结构

根据粗纱机的机构和作用，全机可分为喂入、牵伸、加捻、卷绕成形四个部分。熟条 2 从条筒 1 引出，由导条辊 3 积极输送进入牵伸装置 4。熟条经牵伸装置牵伸成规定的线密度后由前罗拉输出，经锭翼 6 加捻成粗纱，并引至筒管。锭翼随锭子 7 一起回转，锭子一转，锭翼给纱条上加上一个捻回。筒管 5 由升降龙筋 9 传动，由于锭翼与筒管回转的转速差，使粗纱通过压掌 8 卷绕在筒管上。升降龙筋带着筒管做上下运动，从而实现了粗纱在筒管上的轴向卷绕。控制龙筋的升降速度和升降动程，便可制成两端为截头圆锥形的粗纱管纱。

八、细纱

(一) 细纱工序的任务

细纱工序是纺纱生产的最后一道工序，它是将粗纱纺成具有一定线密度、符合质量标准或客户要求的细纱，供捻线、机织或针织等使用，细纱工序主要完成以下任务。

1.牵伸

将喂入的粗纱或条子均匀地拉长抽细到细纱所要求的线密度。

2.加捻

将牵伸后的须条加上适当的捻度，使成纱具有一定的强力、弹性、光泽和手感等物理机械性能。

3.卷绕成形

将纺成的细纱按一定成形要求卷绕在筒管上，以便于运输、贮存和后道工序加工。

细纱是纺部非常重要的工序，棉纺厂生产规模的大小常用细纱机总锭数表示，细纱产量是决定纺纱厂各工序机器配备数量的依据；产质量水平、原料、机物料、电量等的消耗，劳动生产率、设备完好率等又反映了纺纱厂生产技术和管理水平的好坏。

(二) 环锭细纱机的机构与原理

环锭细纱机的外形及机构如图4-12所示。粗纱自吊锭上的粗纱管1退绕后，经导纱杆2、缓慢往复运动的横动导纱喇叭3，喂入牵伸装置4，牵伸后的须条由前罗拉输出，经过导纱钩5，穿过钢丝圈6，卷绕到紧套在锭子8上的筒管7上，钢丝圈每转一转，给须条加上一个捻回。钢丝圈的转速低于纱管的转速，依靠钢领板9的升降运动，使前罗拉输出的须条按一定的成形要求有规律地卷绕到纱管上。

(三) 环锭纺纱新技术

在环锭细纱机上进行简单改造，可以纺制一些具有特殊结构和性能的纱线，下面对这些新技术原理进行简单介绍。

1.包芯纺纱

包芯纱纺纱原理如图4-13所示。芯纱（丝）由张力辊摩擦退绕，经导丝轮引导，在牵

(a) 外形（带自动落纱装置和粗纱自动运输装置）

图 4-12

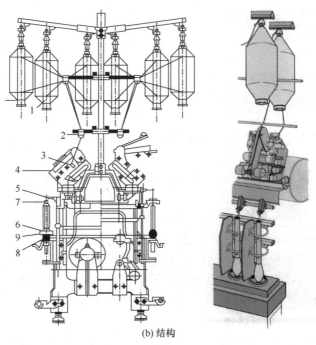

(b) 结构

图 4-12　细纱机外形及其机构

伸装置的前罗拉钳口内侧处与牵伸后的粗纱一起输出，芯纱处于牵伸后纱条的中心位置，由于纱条的加捻被包卷在纱中成为纱芯。芯纱可采用弹性长丝，如氨纶丝，调整张力辊的退绕速度可调整氨纶丝的预牵伸倍数，可纺制氨纶弹力包芯纱。其他非弹性化纤长丝和短纤高支纱也可作为纱芯，可纺制双（多）组分复合包芯纱。

2.赛络纺纱

赛络纺纱原理如图 4-14 所示，在细纱牵伸机构中同时喂入保持一定的距离而平行的双根粗纱，在前罗拉引出时经过一对上皮辊引出并立即被加捻成具有一定捻度的两根纱，然后在加捻点合在一起形成具有类似股线结构的复合纱线。

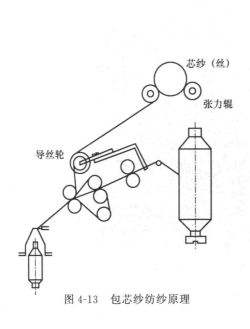

图 4-13　包芯纱纺纱原理

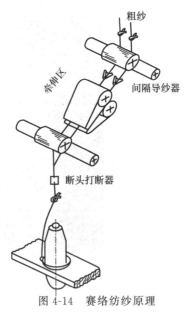

图 4-14　赛络纺纱原理

3.赛络菲尔纺纱

如图 4-15 所示，将赛络纺中的一根粗纱换成一根长丝，经张力装置、导丝轮与牵伸后的粗纱保持一定间距输出、加捻，即可获得长丝、短纤交捻纱——赛络菲尔纱。

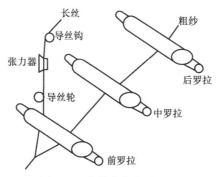

图 4-15　赛络菲尔纺纱原理

4.紧密纺纱

普通的环锭纺纱，粗纱经牵伸装置牵伸后呈扁平带状输出，加捻时由扁平带状须条包卷成近圆形纱线，形成加捻三角形。由于须条边缘纤维在包卷成纱时运动不能受到良好控制，以及包卷成纱时纤维的内外转移，在成纱的表面形成大量的毛羽。所谓紧密纺纱，就是在原牵伸装置的主牵伸区前再加一个集束区，利用气流负压或机械作用对牵伸后的纱条进行集聚，缩小须条宽度，减少加捻时纱条中纤维的内外转移，显著减少成纱毛羽，获得光洁的纱线。

除此之外，还有将紧密纺纱技术与赛络纺纱技术、包芯纺纱技术等相结合的紧密赛络纺纱、紧密赛络包芯纺纱等。

九、后加工

用原棉和各种化纤做原料经多道工序纺成的细纱，还需要经过后加工工序，以满足对成纱各品种不同的要求。后加工工序包括络筒、并纱、捻线、烧毛、摇纱、成包等加工过程。根据需要可选用部分或全部加工工序。

（一）后加工工序的任务

1.改善产品的外观质量

细纱机纺成的不同品种管纱中，仍含有一定的疵点、杂质、粗细节等，后加工工序可以清除较大的疵点、杂质、粗细节等。为使股线光滑、圆润，有的捻线机上装有水槽还可进行湿捻加工。有的高级股线还要经过烧毛除去表面毛羽，改善纱线光泽。对纱线要求光滑的产品可进行上蜡处理。

2.改善产品的内在性能

股线加工能改变纱线结构，从而改变其内在性能。不同的单纱经一次或两次合股加捻，采用不同生产工艺过程，可达到改善纱线物理性能的目的，如强力、耐磨性、条干、光泽、手感等。花式捻线还能使纱线结构、形式发生改变，形成环、圈、结、点、节以及不同颜色、不同粗细等具有特殊效果的异形纱线。

3.稳定产品结构状态

经过不同的后加工工序，可以达到稳定纱线的捻回和均匀股线中单纱张力。如纱线捻回不稳定，易引起"扭结""小辫子""纬缩"等疵点。对捻回稳定性要求高或高捻的纱线，有时要经过湿热定型。

4.制成适当的卷装形式

为了满足后道工序加工的需要，要将纱线制成不同的卷装形式。卷装形式必须满足卷装容量大，易于高速退绕，且适合后续加工，便于贮存和运输。

（二）后加工工艺流程

1.单纱后加工流程

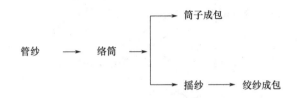

2.股线加工流程

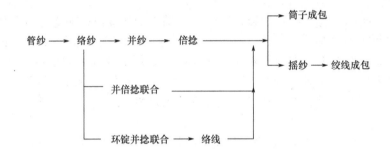

3.较高档股线的加工流程

管纱 → 络筒 → 并纱 → 捻线 → 线筒 → 烧毛 → 摇纱 → 成包

根据需要，可进行一次烧毛或两次烧毛。需定型时，一般在单纱络筒后或股线线筒后进行。

4.缆线的工艺流程

所谓"缆线"是经过一次以上并捻的多股线。第一次捻线工序称为初捻，第二次捻线工序称为复捻。如缝纫线、绳索、帘子线等，一般多在专业工厂进行复捻加工。

（三）后加工设备及其工作原理

1.络筒机

络筒机的作用包括将管纱卷绕成具有一定形状、大小、且成形良好的筒子；清除纱疵、杂质，提高纱线质量；使筒子具有一定的卷绕密度和一致的卷绕张力，满足后工序的要求。

2.并纱机

并纱工序的任务是将两根以上的单纱并合在一起；清除纱上的杂质与疵点；做成张力均匀一致的筒子。

3.捻线机

捻线机的作用是将并纱后的合股纱进行加捻成为股线。捻线的方法有两种：环锭捻线机捻线和倍捻机捻线。环锭捻线机的机构即没有牵伸部分的细纱机，利用环锭细纱机的加捻卷绕机构进行加捻，其卷装为管线，尚需经过络筒加工实现纱线的接续。倍捻机加捻后的卷装则依旧是筒子，不需络筒加工。

4. 烧毛机

烧毛的目的是烧除纱线表面的毛羽，使之更光洁。烧毛的方法一般采用气体烧毛，即使纱线快速通过高温燃气火焰，在充分烧除毛羽的同时，又可避免对纱体的损伤。

5. 摇纱机

摇纱的任务是将细纱或股线按规定的重量或长度摇成绞纱，以便成包。供给准备进行漂白、染色、丝光等加工的纱线，也须摇成绞纱。纱线从筒子上退绕，以一定张力卷绕成规定周长和规定圈数的绞纱。

6. 花式捻线机

除了常见的普通纱线外，还有着各种各样截面不规则、结构不同或色泽各异的特殊纱线，这类纱线统称为花式纱线。花式纱线一般分为两大类，一类为花式纱线，其主要特征是具有不规则的外形与纱线结构，如纱线截面具有不规则几何形状，纱线结构变化等，主要有竹节纱、结子纱、雪花纱、珠圈纱等；另一类为花色纱线，这类纱线主要特征是外观在长度方向上呈现不同的色泽或特殊效应的色泽，常用的加工方法有间隔印色纱线、染色纱线、拆编印色纱线等。

花式纱线有许多加工方法，在普通棉纺、毛纺细纱机，喷气纺纱机，空气变形纱机等机器上，经过适当改造，可以生产某些种类的花式纱线，最常用的为空心锭花式捻线机。

十、新型纺纱

（一）环锭纺纱技术的优势与缺陷

1. 传统纺纱技术的优点

（1）机构简单，维修保养方便。

（2）生产率较高。

（3）适纺性强。

（4）成纱质量好。

2. 环锭纺纱技术的固有缺陷分析

（1）受钢丝圈转速限制，生产速度不可能有突破性提高。

（2）受钢领直径限制，卷绕容量不可能有大幅度提高。

（二）新型纺纱的特点

新型纺纱与环锭纺纱最大的区别在于将加捻与卷绕分开进行，并将新的科学技术——微电子、微机处理技术广泛应用，从而使产品的质量保证体系由人的行为进化到了电子监测控制。与传统的环锭纺相比，新型纺纱具有以下特点：

1. 产量高

新型纺纱采用了新的加捻方式，加捻器转速不再像钢丝圈那样受线速度的限制，输出速度的提高可使产量成倍地增加。

2. 卷装大

由于加捻卷绕分开进行，使卷装不受气圈形态的限制，可以直接卷绕成筒子，从而减少了因络筒次数多而造成的停车时间，使时间利用率得到很大的提高。

3. 流程短

新型纺纱普遍采用条子喂入，筒子输出，一般可省去粗纱，络筒两道工序，使工艺流程缩短，劳动生产率提高。

4. 改善了生产环境

由于微电子技术的应用，使新型纺纱机的机械化程度远比环锭细纱机高，且飞花少、噪

声低，有利于降低工人劳动强度，改善工作环境。

（三）新型纺纱的分类

新型纺纱的方法很多，核心问题是如何使纤维加捻而成为具有一定物理机械性能和外观结构的纱线，实施不同的加捻过程，采用不同的加捻机构，就产生了各种各样的新型纺纱方法。

1. 按纺纱原理分类

按纺纱原理，新型纺纱可分为自由端纺纱和非自由端纺纱两大类。

如图 4-16 所示，自由端纺纱需经过分梳牵伸—凝聚成条—加捻—卷绕四个工艺过程，即首先将纤维条分解成单纤维，再使其凝聚于纱条的尾端，使纱条在喂入端与加捻器之间断开，形成自由端，自由端随加捻器回转，使纱条获得捻回。转杯纺纱、涡流纺纱、摩擦纺纱等都属于自由端纺纱。

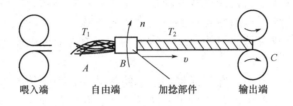

图 4-16   自由端纺纱示意图

非自由端纺纱原理如图 4-17 所示，一般经过罗拉牵伸—加捻—卷绕三个工艺过程，即纤维条自喂入端到输出端呈连续状态，加捻器置于喂入端和输出端之间，对须条施以假捻，依靠假捻的退捻力矩，使纱条通过并合或纤维头端包缠而获得真捻，或利用假捻改变纱条截面形态，通过黏合剂黏合成纱，自捻纺纱、喷气纺纱、黏合纺纱就属于这种方法。

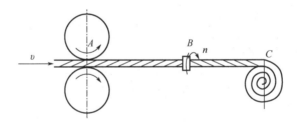

图 4-17   非自由端纺纱示意图

2. 按成纱方法分类

（1）加捻成纱：靠给纤维须条施加一定的捻度成纱。如转杯纺纱、涡流纺纱。

（2）包缠成纱：靠纤维相互包缠成纱。如喷气纺纱、摩擦纺纱 DREF-III、平行纺纱。

（3）自捻成纱：靠两根单纱的假捻自捻成纱。如自捻纺。

（4）黏合成纱：靠一定的黏合剂使纤维黏合成纱。如黏合纺纱。

（四）主要新型纺纱方法

1. 转杯纺纱

转杯纺纱又称气流纺纱，其产品又称 OE 纱，是目前应用最广泛的非环锭纺纱方法。转杯纺纱机的外形及其结构如图 4-18 所示。棉条经喇叭口，由喂给罗拉和喂给板缓慢喂入，被表面包有金属锯条的分梳辊分解成单根纤维状态后，经输送管道被杯内呈负压状态（风机抽吸或排气孔排气）的纺纱杯吸入，由于纺杯高速回转的离心力作用，纤维沿杯壁滑入纺杯凝聚槽凝聚成纤维须条；生头时，先将一根生头纱送入引纱管口，由于气流的作用，这根纱线立即被吸入杯内，纱头在离心力的作用下被抛向凝聚槽，与凝聚须条搭接起来，引纱由引纱罗拉握持输出，贴附于凝聚须条的一端和凝聚须条一起随纺纱杯的回转，因而获得捻回。引纱罗拉将纱条自纺纱杯中引出后，经卷绕罗拉卷绕成筒子。

(a) 外形

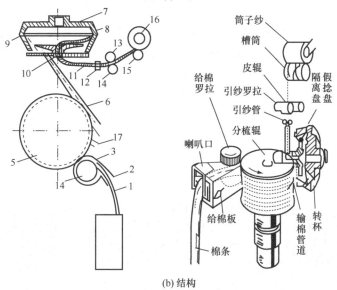

(b) 结构

图 4-18　转杯纺纱机的外形及其结构

1—棉条；2—喇叭口；3—给棉板；4—给棉罗拉；5—分梳辊；6—输棉管；7—转杯；8—转杯内壁；9—凝聚槽；
10—引纱管；11—细纱；12—导向器；13、14—牵引罗拉；15—卷绕罗拉；16—纱管；17—排杂通道

2.喷气纺纱

喷气纺纱是利用喷射气流对牵伸装置输出的须条施以假捻，并使露在纱条表面的头端自由纤维包缠在纱芯上形成具有一定强力的喷气纱。

喷气纺纱机机构简单，没有高速机件，但其纺纱速度高，生产效率可达环锭纺的 15 倍、转杯纺的 3 倍。其适纺范围较广，成纱结构具有独特的风格，是一种潜力很大，具有广阔发展前景的新型纺纱方法。适于纺制涤棉混纺纱和纯化纤纱，可纺纱线密度范围为 7.3～29.2tex（80～20 英支）。

喷气纺纱机工作原理如图 4-19 所示。棉条从棉条筒引出后直接进入双皮圈牵伸装置，经过 50～300 倍的牵伸后从前罗拉送出，被吸入加捻管。加捻管由两个转向相反的涡流喷嘴

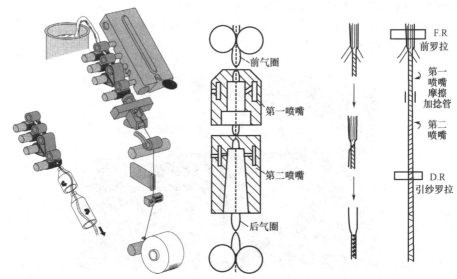

图 4-19 喷气纺纱机工作原理

组成，经两股反向旋转涡流的作用，自须条中分离出头端自由纤维，并紧紧地包缠在芯纤维束的外层而形成喷气纱。纱条由引纱罗拉引出，经卷绕罗拉卷绕成筒子，满筒后筒子自动抬起，脱离卷绕罗拉，并由输送带送到车尾收集。

3.喷气涡流纺纱

喷气涡流纺纱机外形及机构原理如图 4-20 所示。前罗拉输出的须条进入喷嘴后，沿入口处螺旋表面运动，由于针棒的摩擦阻力，捻度无法传递到前钳口下的须条上。须条中的纤维头端以较高速度进入空心管，而尾端则倾倒在空心管外壁的锥面上，随着纱条输出，在涡流作用下逐步加捻成纱，被吸入空心管输出。

图 4-20 喷气涡流纺纱机外形及机构

4.摩擦纺纱

几根纤维条同时喂入开松机构，被分梳成单纤维状态，再由输送管送到两个吸气尘笼之间的锲形区内（或单一尘笼吸气，另一尘笼实心），凝聚成须条，两个尘笼同向回转，对须条进行搓动，加捻成纱。摩擦纺纱机外形及其结构如图 4-21 所示。

(a) 外形

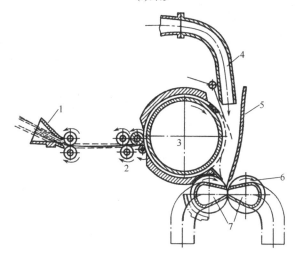

DREF2 型摩擦纺纱机工艺过程

1—喂入喇叭；2—牵伸罗拉；3—分梳辊；4—吹风管；5—挡板；6—尘笼；7—吸气装置

(b) 机构

图 4-21 摩擦纺纱机外形及机构

除了上述介绍的非环锭纺纱方法外，尚有平行纺纱、自捻纺纱、涡流纺纱、静电纺纱、黏合纺纱等新型纺纱方法，由于在生产实际中很少应用，这里不再介绍。

思考题 ▶▶

（1）写出纯棉精梳股线加工流程，要求写出工序名称（工序间用→连接）、各工序所用设备名称、各工序半制品名称。

（2）写出涤棉混纺精梳纱加工流程，要求写出工序名称（工序间用→连接）、各工序所用设备名称、各工序半制品名称。

（3）写出纺纱加工各工序的任务（作用）。

（4）与环锭纺纱技术相比，非环锭纺纱技术有哪些优点？列举三种新型纺纱方法，并简要说明其纺纱原理。

（5）列举环锭纺纱新技术，并简要说明原理。

实训题

参观棉纺工厂，记录纺纱工艺流程，包括各工序所用设备型号。

第五章

聚合物纺丝成形原理及其工艺

本章知识要点：

1. 了解纤维的纺丝成形原理。

2. 掌握长丝的加工工艺流程及其原理。

3. 理解长丝变形加工的方法。

第一节　聚合物的纤维化及其纺丝成形加工原理

由若干根长丝组合形成的具有一定力学性能的细而长的纤维集合体可称为长丝纱线。将聚合物制备成长丝纱线的纤维化过程就是将成纤聚合物切片在螺杆挤出机中加热熔融成熔体，或将成纤聚合物在溶剂中调制成溶质—溶剂构成的溶液体系，以一定的压力和流量进入纺丝机，经纺丝计量泵将纺丝熔体或溶液定量、连续、均匀地从喷丝头的细孔中压出，这种细流在空气或水、凝固液中固化生成初生纤维，经过进一步的后拉伸和热定型，可以形成具有稳定结构和一定力学性能的长丝纱线，此过程即为聚合物的纤维化纺丝成形加工过程。在纺丝成形过程中，成纤聚合物要发生几何形态和物理形态的变化，如聚合物的溶解或熔化，纺丝流体的流动和形变，丝条固化过程中的胶凝、结晶、二次转变和拉伸流动中的大分子取向，以及过程中的扩散、传热和传质等。纺制再生纤维（黏胶纤维、铜氨纤维等）时，还发生化学结构的变化。这些变化彼此影响，故改变纺丝条件，可在一定范围内改变所得纤维的物理机械性能。

由聚合物到长丝纱线的成形加工过程一般分为以下四个步骤：①纺丝用高聚物的制备；②纺丝熔体（溶液）的制备；③纤维纺丝成型；④纺丝后加工。通过上述加工过程，长丝纱线便成为易于运输、管理、退绕和使用的卷装形式。

一、纺丝用高聚物的制备

纺丝用高聚物，也称为成纤高聚物，一般是指可用于生产化学纤维的高分子化合物。成纤高聚物必须具备以下基本性质：①必须是线型、直链的大分子，支链尽可能少，没有庞大侧基；②分子之间有适当的相互作用力，或具有一定规律性的化学结构和空间结构；③应有

适当高的分子量和较窄的分子量分布；④应具有一定的热稳定性，其熔点或软化点应比允许使用温度高得多。根据高聚物的不同来源其制备工艺分为两种路线，分别可以得到合成成纤高聚物和再生成纤高聚物。如以石油化工下游生产的小分子单体经过加成与聚合反应得到的是合成成纤高聚物；以海藻、木材、竹材、芦苇、甘蔗渣、秸秆、玉米淀粉等天然高聚物为原料，经过机械和化学处理提纯加工后得到的就称为再生成纤高聚物。

二、纺丝熔体（溶液）的制备

为了将聚合物制备成细长、柔软且具有一定力学性能的柔性材料，必须将聚合物制备成具有良好流动性能的流体，这样才可以进行纺丝成形加工。对于具有良好热性能的聚合物，其熔点低于热分解温度，则可通过将常温下呈固态的聚合物加热成具有良好流动性的熔融体，以供纺丝用；对于热稳定性不良的聚合物，加热后没有熔融态，而是直接产生热分解或燃烧的聚合物，可将固态的聚合物加工成粉末，用溶剂将粉末状聚合物调制成溶液，作为纺丝用原液。

三、纺丝成形

将聚合物熔体（溶液）经螺杆挤出机，并通过纺丝泵计量，使聚合物流体连续而均匀地从喷丝头或喷丝板的毛细孔中挤出，再经过冷却或固化，便形成了细长的连续的长丝纤维。纺丝成形是化学纤维生产过程中的关键工序，改变纺丝的工艺条件，可在较大范围内调节纤维的结构，从而相应地改变所得纤维的物理机械性能。

如表 5-1 所示，根据高聚物热性能的不同，化学纤维的纺丝成形方法主要有熔融纺丝法和溶液纺丝法两大类。在溶液纺丝法中，根据凝固方式的不同，又可分为溶液溶剂纺湿法纺丝和为溶液溶剂纺干法纺丝两种。在已有的化学纤维生产方式中，主要采用熔融纺和溶液溶剂纺湿法的工艺进行纺丝生产，其他非常规的纺丝工艺与方法也在不断地探索和发展中。

表 5-1　主要纺丝方法

液体化方式	工艺特点	纺丝方法
使用电加热,加热成熔体状态	加热聚合物成熔体状态 螺杆挤出后在空气中冷却,固化成纤维	熔融纺丝
使用溶剂溶解制备成悬浊液或乳液,成为液体状态	溶剂溶解聚合物成液体状态 螺杆挤出后溶剂在空气中蒸发 溶质固化成纤维	溶液溶剂纺干法纺丝
	溶剂溶解聚合物成液体状态 螺杆挤出后在固化液中溶剂与固化液中和 溶质固化成纤维	溶液溶剂纺湿法纺丝

（一）熔融法纺丝

熔体纺丝工艺流程如图 5-1 所示。聚合物切片由聚合物漏斗进入螺杆，旋转的螺杆将其逐级推进加压，在螺杆内部纵深方向的五个位置附加了加热装置，根据需要可将加热温度逐步升级到最高温度（300～400℃），加热后的聚合物成黏流态的熔融体，具有很好的流动性。随着螺杆的转动，熔体被推动并逐渐升压，然后进入纺丝计量泵，经过过滤器，最后由喷丝板的喷丝孔挤出（也成为吐出），使其成细流状纤维条射入空气中，并在纺丝通道中冷却成丝。

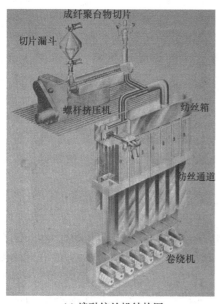

(a) 熔融纺丝机结构图

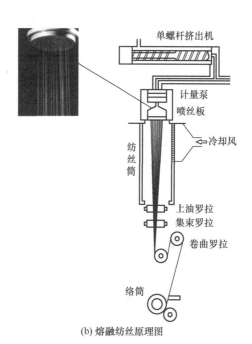

(b) 熔融纺丝原理图

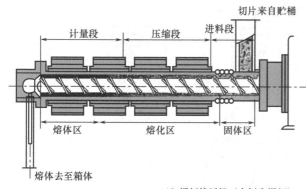

(c) 熔融纺丝机外观图（纺丝及卷绕部分）

(d) 螺杆挤压机（右侧为螺杆）

图 5-1　熔融纺丝机

纺丝计量泵是一种积极式输送齿轮泵，它的作用是等量、均匀地输送聚合物熔体至喷丝板进行纺丝。通常一个喷丝板只配备一个纺丝泵。聚合物熔体流量的波动将导致纺制长丝的线密度的不均匀，即导致丝束的线密度的不均匀。纺丝液从喷丝板喷出进入空气中并发生热量的交换，熔融态丝条逐步冷却并由黏流态变成黏弹态，最终凝固成固体。另一方面，由于纺丝卷绕头的高速卷绕，从喷丝板挤出的熔融态丝条，立即被快速牵离喷丝孔并被拉伸。为了保证恒定的热交换条件，还采用横向的侧吹风以加速熔体的凝固。侧吹风的流速和温度是恒定的，以确保长丝长度方向的均匀度。热塑性长丝在固化之前的拉伸倍数最高可达 20 倍（一般至少可达 3 倍）。纺制涤纶长丝时，熔融状丝条在喷丝板下方约 0.6m 处固化，在喷丝板下方约 1m 至 10m 处集束，然后经过一系列导丝盘，卷绕到筒管上。长丝集束后，在导丝盘之前有一个润湿给油装置。润湿给油的过程是当长丝通过带有油膜的坚硬表面时，吸取表面的油剂完成给湿上油。给油装置的下方紧接着是导丝罗拉。导丝罗拉的速度一般称为纺丝速度。

纺丝吐出量与导丝罗拉速度相配合，可调整纺出丝条的粗细（线密度）。丝条的粗细或单丝纤度取决于纺丝计量泵的吐出量、长丝根数、纺丝速度以及后拉伸倍数。在吐出量恒定的条件下，纺丝速度越快，长丝单丝纤度越细；在吐出量、纺丝速度恒定的情况下，后拉伸倍数越大，长丝单丝纤度越细。例如，将导丝罗拉加热，并使它们的速度从后到前逐渐增大，即可实现对丝束的拉伸。拉伸能提高聚合物大分子的取向度，进而提高丝束的强度。保持恒定的导丝盘速度是确保纤维均匀性的关键。目前熔融纺丝法的纺丝速度一般为 1000～2000m/min。采用高速纺丝时，可达 4000～6000m/min。喷丝板孔数：长丝为 1～150 孔，短纤维少的为 400～800 孔，多的可达 1000～2000 孔。喷丝板的孔径一般在 0.2～0.4 mm。

（二）溶液溶剂法纺丝

溶液纺丝法是将高聚物溶解于适当的溶剂以配成纺丝溶液，再将纺丝液从喷丝孔中压出射入热空气中或凝固浴中凝固成条的纺丝方法。溶液纺丝方法用于那些不适合熔体纺丝的聚合物。这类聚合物高温熔化时非常不稳定，或者是加热后不经熔化直接就会产生热分解现象。溶液纺丝法有干法纺丝和湿法纺丝两种，干法纺丝中，纺丝液中的溶剂在循环的热空气中蒸发而凝固；湿法纺丝中，由于聚合物纺丝液中的溶剂与凝固液发生中和反应，使聚合物产生固相分离，于是纺丝液在液体凝固剂中凝固而固化成丝。

1. 溶液溶剂纺干法纺丝

如图 5-2 所示，干法纺丝是将溶液纺丝制备的纺丝溶液从喷丝孔中压出，呈细流状，然后在热空气中因溶剂高速挥发而固化成丝，如图 5-2 所示。干法纺丝的速度一般为 200～

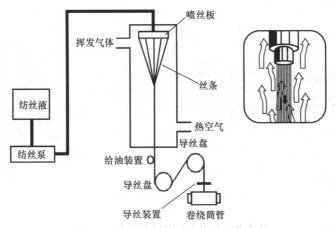

图 5-2　溶液溶剂纺干法纺丝工艺流程

500m/min，当增加纺丝通道长度或纺制较细的纤维时，纺丝速度可提高到 700～1500m/min。干法纺丝的喷头孔数较少，为 300～600 孔。干法纺丝制得的纤维结构紧密，物理机械性能和染色性能较好，纤维质量高。但干法纺丝的投资比湿纺还要大，生产成本高，污染环境。目前用于干纺丝产生的合成纤维较少，仅醋酯纤维和维纶可用此法。另外对于既能用于干法纺丝，又能用湿法纺丝的纤维，干法纺丝更适合于纺制长丝。

2. 溶液溶剂纺湿法纺丝

如图 5-3 所示，溶液溶剂纺湿法纺丝是将溶液法制得的纺丝溶液从喷丝头的细孔中压出呈细流状，然后在凝固液中固化成丝。由于丝条凝固慢，所以湿法纺丝的纺丝速度较低，一般为 50～100m/min，而喷丝板的孔数较熔融纺丝多，一般达 2000～4000 孔。湿法纺丝纺得到纤维截面大多呈非圆形，且有较明显的皮芯结构，这主要是由凝固液的固化作用而造成的。湿法纺丝的特点是工艺流程复杂，投资大，纺丝速度低，生产成本较高。一般在短纤维生产时，可采用多孔喷丝头或加装喷丝孔来提高生产能力，从而弥补纺丝速度低的缺陷。通常不能用熔融法纺丝的成纤高聚物，才用湿法纺丝来生产短纤维和长丝束。腈纶、维纶、氯纶和黏纤多采用湿法纺丝。

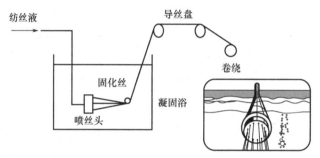

图 5-3　溶液溶剂纺湿法纺丝工艺流程

（三）其他纺丝法

1. 干喷湿纺法

又称干湿法纺丝，是干法与湿法相结合，将纺丝液从喷丝头压出，先经过一段空间，然后进入凝固浴槽，从凝固浴槽导出初生纤维。与一般湿法纺丝比较，干喷湿纺法的纺丝速度要高若干倍，还可采用孔径较大（0.5～0.3mm）的喷丝头，同时采用浓度较高、黏度较大的纺丝溶液，显著提高了纺丝机的生产能力。目前，这种纺丝方法已在聚丙烯腈纤维、芳香族聚酰胺纤维等生产中得到应用。

2. 乳液纺丝法

又称载体纺丝法，是将聚合物分散于某种可纺性较好的物质（作载体）中呈乳液状态，然后按载体常用的方法纺丝。载体常用黏胶或聚乙烯醇水溶液，所以乳液纺丝工艺类似于湿法纺丝。得到的初生纤维经拉伸后在高温下烧结，载体炭化，聚合物颗粒在接近粘流温度下被粘连形成纤维。适宜于乳液纺丝的成纤聚合物应具有高于分解温度的熔点，没有合适的溶剂使其溶解或塑化，因而无法制成熔体和纺丝溶液。目前，该法在聚四氟乙烯纤维等的生产中已得到应用。

3. 膜裂纺丝法

是将聚合物先制成薄膜，然后经机械加工方式制得纤维。根据机械加工方式不同，所得纤维又分为割裂纤维和撕裂纤维两种。割裂纤维又称为扁丝，其加工方式是将薄膜切割成一定宽度的条带，再拉伸数倍，并卷绕在筒子上得到成品。撕裂纤维的加工方式是将薄膜沿纵向高度拉伸，使大分子沿轴向充分取向，同时产生结晶，再用化学和物理方法使结构松弛，

并以机械作用撕裂成丝状，然后加捻和卷曲获得成品。前者纤维较粗，用于代替麻类作包装材料。后者纤维稍细，用于制作地毯和绳索。目前，应用于聚丙烯纤维等生产。

聚丙烯树脂→熔融挤压成形 →吹塑薄膜 →冷却→切割→拉伸→定形→开纤 →无捻膜裂丝
挤出平膜 加捻→加捻膜裂丝

此外，为纺制具有特殊性能纤维的需要，还发展了若干其他纺丝方法，例如：冻胶纺丝法（将浓聚合物溶液或塑化的冻胶从喷丝头细孔挤出到某气体介质中，细流冷却，伴随溶剂挥发，聚合物固化得到纤维，又称半熔体纺丝）；相分离纺丝法（以聚合物溶液作为纺丝原液，通过改变温度使纺丝液细流固化）；闪蒸纺丝法（聚合物在高温高压下溶解于特殊溶剂中，原液细流出喷丝头时溶剂闪蒸而形成纤维）；喷雾凝固纺丝法（纺丝溶液被压入封闭室内，受喷入室内的雾状凝固剂作用形成纤维）；静电纺丝法（聚合物熔体或其在挥发性溶剂中的溶液在静电场中形成纤维）；液晶纺丝法（用处于液晶状态的溶液纺丝），等等。

四、纺丝后加工

高分子聚合物经喷丝板挤出成形后得到的细而长的纤维，其内部高分子链未得到充分的伸展、取向和结晶，一般被称为初生纤维。由于初生纤维的分子链段易产生滑移，故其强度低、伸长大、沸水收缩率高，初生纤维不能直接用于纺织加工，还需经过一系列的拉伸、上油、定型等后加工，才能作为纱线用于纺织产品的加工生产。

（一）集束—牵伸

高分子聚合物经喷丝板若干个喷丝孔吐出后，将吐出的丝束以均匀的张力集合成规定粗细的大股丝束，再将大股丝束经多辊拉伸机进行一定倍数拉伸的过程。集束牵伸是化学纤维长丝制造的关键工序，合理改变集束牵伸工艺，可产生不同力学类型纤维。当纺丝成形条件一定时，影响拉伸最主要的参数有加热介质和温度，拉伸倍数及其分配比，拉伸速度等。如图 5-4 所示为长丝集束—牵伸设备。

（二）上油

为改善化学纤维的工艺性能或化纤加工的需要，将丝束经过油浴，在纤维表面上加一层很薄的油膜，以便于后道加工。化学纤维油剂依其组成和用途分为以下几类。

平滑剂：起平滑作用，如各种黏度的白油、二羧酸酯、高级脂肪醇和高级脂肪酸酯、多元醇酯、高分子聚醚等。

乳化剂：起乳化、抗静电、平滑、集束、润湿、可洗等作用，如脂肪酸聚氧乙烯酯、脂肪醇聚氧乙烯醚、蓖麻油聚氧乙烯醚、烷基酚聚氧乙烯醚、失水山梨醇脂肪酸酯、失水山梨醇脂肪酸酯聚氧乙烯醚、高分子聚醚等。

抗静电剂：起消除静电的作用，如烷基磷酸酯、烷基硫酸酯、季铵盐等。

调整剂：起调节乳化平衡作用，如高级脂肪醇、高级脂肪酸等。

其他还有抗氧化剂、防霉剂和消泡剂等。

化学纤维加工性能的好坏既与油剂组分有关，又与含油的均匀性和含油率有关。纤维需要的含油率范围是：短纤维为 $0.1\% \sim 0.5\%$，长丝为 $0.4\% \sim 1.2\%$。纤维的含油率通常以四氯化碳、乙醚等为溶剂用萃取法测定。

化学纤维长丝上油法有两种：①油盘法：给油盘以一定深度浸在油浴中运转，丝束与给油盘切线接触上油。②油嘴法：主要用于高速纺丝。油剂通过计量泵定量输送到给油嘴。对丝束上油。

(a) 长丝集束架

(b) 导丝机

(c) 牵伸机

图 5-4　长丝集束—牵伸设备

（三）热定形

热定形是为消除纤维长丝在拉伸时所产生的内应力，确保结构在后期使用中的稳定性，以提高纤维的尺寸稳定性，保持卷曲效果，并改善机械性能和其他物理性能。热定型机的外形如图 5-5 所示。

图 5-5　热定型机

（四）络筒

借助于分丝器，将加工好的化学纤维长丝通过平行卷绕头卷绕制成圆柱形丝筒如图 5-6 所示。

图 5-6　卷绕机及丝饼

第二节　长丝纱的变形加工工艺

利用合成纤维受热塑化变形的特点，在机械和热的作用下使伸直的纤维变为卷曲的纤维，这种卷曲的纤维称作变形纤维，也称变形丝。由变形纤维组成的纱线具有蓬松性和弹性，称为变形纱。变形纱分为两类：一类是以蓬松性为主的，称为蓬体纱。其特征是外观体积蓬松，以腈纶为主要原料，主要用于针织外衣、内衣、绒线和毛毯等；另一类是以弹性为主的，称弹力丝，其特征是纱线伸长后能快速弹回。弹力丝又分高弹和低弹两种：高弹丝以锦纶为主，用于弹力衫裤、袜类等；低弹丝有涤纶、丙纶、锦纶等。涤纶低弹丝多用于外衣和室内装饰布；锦纶、丙纶低弹性丝多用于家具织物和地毯。

合成纤维通过变形加工能制成仿毛型、仿棉型、仿丝型、仿麻型等变形纱。用变形纱可以直接针织或机织成类似天然纤维的织物，织物手感丰满，透明度下降，不易起球，吸水性、透气性、卫生性、保暖性和染色性都有改善。特别是由弹力丝制成的衣袜伸缩自如，可适合不同的体型，具有独特的风格。变形纱加工工序短、成本低，可以高速化。

一、弹力丝加工方法

工业化生产弹力丝的加工方法有假捻法、双捻法、复合丝法和刀边卷曲法。以刀边卷曲法加工的纤维呈交错排列、方向相反的螺旋形状；以其他三种方法加工的纤维都呈螺旋形，具有弹性，如图 5-7 所示。

（一）假捻法

可以加工高弹丝和低弹丝。在一台机器上纤维先拉伸后变形的工艺称作外拉伸；拉伸和变形同时进行，变形区的第一加热器也作为拉伸用的工艺称作内拉伸。假捻法加工高弹丝由加捻、热定形、退捻三个部分组成；加工低弹丝由加捻、热定形、退捻、热定形四个部分组成。采用内拉伸变形加工时，原丝经过导丝钩、输入辊、通过

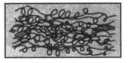刀边卷曲纤维
假捻变形纤维
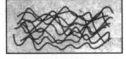填塞箱卷曲纤维
喷气变形纤维
编织解编纤维

图 5-7　不同变形加工方法的长丝纱卷曲形态

加热器进入假捻器、输出辊，最后卷绕在筒管上，如图 5-8 所示。在加热器中，纱线同时受到加捻、拉伸和定形作用，使纤维获得扭曲形状并固定下来，纱线出假捻器后，捻度退去，但纤维的螺旋弹簧形状保留下来，从而使纱线具有毛茸感和弹性。加工低弹丝时还需经过第二加热器，其作用是减少纤维的卷曲，获得弹性低、稳定性好的低弹丝。

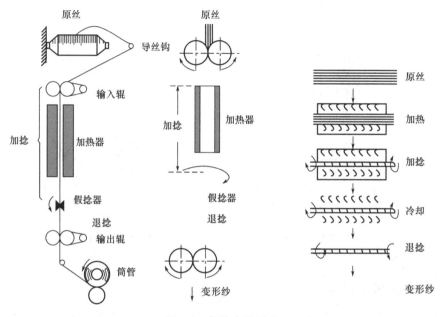

图 5-8　假捻变形原理

（二）复合丝纺丝法

利用羊毛纤维双侧结构获得卷曲的方法，将两种分子量不同的同类高聚物或两种化学结构不同的高聚物熔体或溶液压入喷丝孔形成一根纤维，热拉伸后因热收缩率不同而获得卷曲纤维，如图 5-9 所示。

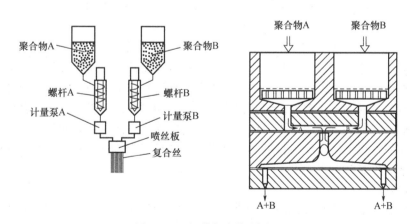

图 5-9　双组分复合纺丝原理

（三）双捻变形法

把两根纱线加捻在一起，经过热定形后再退捻分开成两根单独的弹力丝，其卷曲原理如图 5-10 所示，与假捻法相同。

（四）刀边卷曲法

将加热的单丝或复丝在冷却时紧靠刀边的边缘处拗折擦过，纤维贴近刀边一面受压缩，另一面受拉伸，从而形成卷曲，如图 5-11 所示。

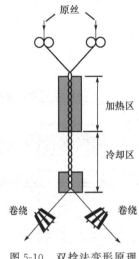

图 5-10　双捻法变形原理

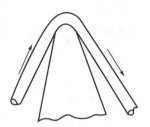

图 5-11　刀边卷曲法原理

二、膨体纱加工方法

工业化生产膨体纱的加工方法有组合纱法、喷气变形法、填塞箱法、齿轮卷曲法、编织解编法等。组合纱法加工的纤维呈弯曲形状，喷气变形法加工纤维成环圈状，填塞箱法、齿轮卷曲法和编织解编法都能加工成波浪形或锯齿形纤维。

（一）组合纱法

将两种不同收缩率的纤维混纺成纱线，在蒸汽或热空气或沸水中，高收缩纤维遇热收缩，将混纺的低收缩率纤维拉弯，使整个纱线形成蓬松状态。也可用高收缩合成纤维做芯丝，把天然短纤维包在外围形成包芯纱，受热收缩后形成变形纱，兼具天然纤维和合成纤维的特性。

（二）喷气变形法

喷气变形法亦称塔斯纶（Taslan）法，又称喷气吹捻变形法。如图 5-12 所示，用高压气流通过喷嘴冲击原丝，将各单丝吹散开松，并使其在紊流中发生位移相互交缠，再在无张力条件下引出纱线。纤维因松弛作用产生不规则的环圈和弯曲的波纹。喷气流有压缩空气或蒸汽两种。原丝可以不是热塑性纤维，因此也适用于醋酯纤维、玻璃纤维、黏胶纤维和其他天然纤维。喷气变形法可将数根不同特性的纱线同时送入，还可纺花圈纱、竹节纱、雪花纱等花式纱。在假捻机上装上喷嘴也可加工网络纱。喷气变形纱尺寸稳定性好，纱的表面包有圈环，做成服装可增加保暖性。

（三）填塞箱法

又称压缩卷曲法，其原理如图 5-13 所示。原丝由喂入轮送入加热管（填塞箱）内，受到高度压缩。并在弯曲情况下受热定形，出口处不加热，使纤维形成卷曲形状。填塞法可加工粗且锦纶和丙纶纱线。

（四）齿轮卷曲法

长丝束通过一对加热运转的齿轮，一面赋予丝条以齿形，一面热定形，由此获得波浪形变形纱。

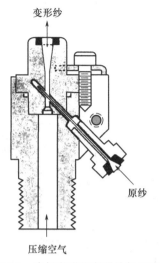

图 5-12 喷气变形法变形纱加工原理

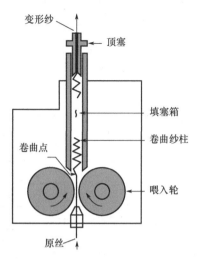

图 5-13 填塞箱法变形纱加工原理

（五）编织解编法

长丝在圆形针织机上织成织物，经过一次热定形，然后再拆散得到蓬松而呈波浪形的变形纱。

目前加工弹力丝主要是用假捻法，其产量占全部衣用变形纱的 90%，加工膨体纱主要采用组合纱法、填塞箱法和喷气变形法。采用喷气变形法时可在高速纺丝机上装置喷嘴，利用超音速高压喷射气流冲击纺丝过程中的丝条，在瞬间完成卷缩变形。采用这种方法就可在一台机器上完成纺丝、拉伸、吹捻等工序，简称 BCF 生产。

第三节 长丝纱的分类及其生产工艺

化纤纺丝方法与纺丝工艺不同，会得到不同性能特征的长丝纱。下面以涤纶为例进行介绍。

一、涤纶长丝的分类

涤纶长丝是产量最大、使用最广泛的一种合成纤维，也是极为重要的纤维材料。回顾涤纶纺丝技术的发展历程，可以总结出以下几个特点，一是纺丝速度不断提高，由低速向高速、超高速发展；第二是纺丝成形过程由分步法、间断式长流程加工方式向一步法、连续式短流程加工方式转变；第三个特点是纺丝的后加工由单一的拉伸—加弹变形向拉伸—复合变形及多组分多重复合加工方式转变。如果按纺丝速度来分类，纺丝工艺的发展历经了四个阶段。第一个阶段为低速纺丝，纺丝卷绕速度为 300～1800m/min；第二阶段为中速纺丝，纺丝卷绕速度从 1800m/min 提高到 3000m/min；第三阶段为高速纺丝，纺丝卷绕速度为 3000～4000m/min；第四阶段为超高速纺丝，纺丝卷绕速度为 4000～6000m/min。如果按纺丝工艺流程的特点来分类，可分为三步法、二步法和一步法；如果按产品的特性来分类，可分为初生丝、拉伸丝、假捻变形丝、空气变形丝、网络丝、假捻混纤复合丝、网络混纤复合丝、空气变形混纤复合丝等。由于涤纶长丝的生产工艺、路线可以做多种组合，由此导致涤纶长丝品种的多样化，按照加工方法进行分类见表5-2。

表 5-2 涤纶丝的分类

分类		加工方法	简称
涤纶长丝	卷绕丝	低速纺丝	未拉伸丝(UDY)
		中速纺丝	半预取向丝(MOY)
		高速纺丝	预取向丝(POY)
		超高速纺丝	高取向丝(HOY)
	拉伸丝	部分拉伸丝	部分牵伸丝(DY)
		全拉伸丝	牵伸丝(FDY)
	变形丝	常规变形丝	常规变形丝(TY)
		纺丝—拉伸—假捻弹力丝	拉伸变形丝(DTY)
		纺丝—拉伸—网络丝	网络丝(NSY)
		纺丝—拉伸—空气变形丝	空气变形丝(ATY)
		纺丝—拉伸—BCF 膨体纱	BCF
	复合变形	纺丝—拉伸—加弹—网络丝	DTY NSY
		纺丝—拉伸—加弹—空变丝	DTY ATY
	多重加工混纤复合	(FDY+POY)空气变形	(FDY+POY)ATY
		(FDY+POY)网络变形	(FDY+POY)NSY
		(DTY+POY)空气变形	(DTY+POY)TAY
		(DTY+POY)网络变形	(DTY+POY)NSY
		(中粗旦+微细旦)空气变形	异旦混纤空变复合丝
		(中粗旦+微细旦)网络变形	异旦混纤网络复合丝
		(圆形截面+异形截面)空气变形	异型混纤网络复合丝
		(圆形截面+异形截面)网络变形	异型混纤网络复合丝

二、涤纶长丝的成型工艺

聚酯熔体经纺丝得到的长丝，要经过后加工才能形成结构稳定、具有一定力学性能并作为纺织加工使用的原料。聚酯熔体经过滤、计量，由喷丝板细孔挤出并在空气中凝固成细长的纤维，经由导丝盘卷绕可得到被卷绕成筒子状的涤纶长丝，一般称为涤纶卷绕丝（或涤纶初生丝）。必须对卷绕丝再进行拉伸、假捻、热定形等后加工过程才可用于织物的生产。拉伸可以提高卷绕丝中大分子沿着纤维轴向的取向，热定形可以使卷绕丝中已取向的大分子形成结晶，以此调整涤纶长丝内超分子聚集态结构，使其具备一定的力学性能，以满足纺织加工的要求和纺织品使用的舒适性要求。

(一)涤纶卷绕丝的成型

如图 5-14 所示为常见的带有导丝轮的纺丝机，熔融态的聚酯经由喷丝板吐出后，经集束、上油和导丝轮转向，由

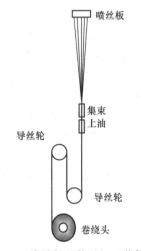

图 5-14 涤纶长丝纺丝机工艺简图

卷绕头卷绕成形。基于上述纺丝装置得到的长丝，根据卷绕头的线速度不同，长丝的结晶取向结构、拉伸力学性能、热性能和沸水收缩率均有很大的不同。在涤纶纺丝产业发展的过程中，由于纺丝装置的不断进步以及高分子科学理论的不断完善，出现了多种纺丝加工方法，如按照纺丝速度来区分卷绕丝的种类，可分为低速纺丝、中速纺丝、高速纺丝、超高速纺丝。

（二）涤纶加工丝的生产

涤纶加工丝包括拉伸丝和变形丝。由于未经拉伸的卷绕丝其大分子取向和结晶结构发展非常不充分，在涤纶长丝加工流程中属于半成品，需要进一步的拉伸取向和热定型，使涤纶的取向结晶结构趋于稳定并具有纺织产品所必需的力学性能。涤纶拉伸丝和变形丝的生产，按纺丝速度的不同可分为低速纺丝工艺路线、中速纺丝工艺路线和高速纺丝工艺路线。

1.基于低速纺丝的纺丝—拉伸—变形工艺

（1）工艺流程：采用低速纺丝工艺形成原丝（UDY）→再经拉伸加捻工艺形成普通牵伸长丝（DY，Drawn Yarn）→再经变形加工工艺形成变形长丝各种 TY（Texturing Yarn）。

（2）原丝特点：通过低速纺丝工艺形成的长丝纱（UDY），纤维的分子链基本未取向，属于低取向、未结晶丝，丝的强度低、伸长大、尺寸稳定性差，不能直接作为织物的原料使用。

（3）纺丝速度与后加工拉伸倍数：纺丝速度小于等于1000m/min；拉伸加捻速度200～500m/min；后加工拉伸倍数2.5～3.2倍；变形加工速度120～160 m/min。

（4）低速纺变形丝的特点：通过拉伸加捻工艺形成低捻的普通牵伸长丝纱（DY），也可在此基础上再经过变形加工形成各种变形长丝纱（TY）。变形加工的方法可根据需要选用，如假捻变形、空气变形、网络、花式纱变形等，可以形成有扭矩的纱或无扭矩的纱，它们的形貌、质地与普通纱有很大的不同。

2.基于中速纺丝的纺丝—拉伸—变形工艺

（1）工艺流程：采用中速纺丝工艺形成原丝（MOY）→经低速拉伸变形工艺形成 DY 丝或经高速拉伸变形工艺形成牵伸变形丝 DTY（Draw texturing yarn）。

（2）原丝特点：在中速纺丝时，由于纺丝速度形成的拉伸效应，使涤纶大分子链发生少量取向，是低取向未结晶丝，其超分子聚集态结构仍不稳定，丝的强度低、伸长大、尺寸稳定性差，不能直接作为织物的原料使用。

（3）纺丝速度与后加工拉伸倍数：纺丝速度1000～2500m/min；拉伸加捻速度800～1200 m/min；后加工拉伸倍数2.1～2.4倍；拉伸变形加工速度400～500 m/min。

（4）中速纺变形丝的特点：从中速纺丝得到的 MOY，可以分别经过拉伸形成普通长丝纱（DY）和经过"高速拉伸"变形，加工形成各种变形纱，如 DTY。这种高速拉伸变形加工和低速纺中的变形加工不同，高速不仅是为了提高产量，还为了通过高速拉伸进一步提高 MOY 的取向。而变形加工的方法可以是假捻变形、空气变形、网络、花式纱变形等。由于受到变形速度的限制，目前在高速变形方面还没有开发出更有效的方法。

3.基于高速纺丝的纺丝—拉伸—变形工艺

（1）工艺流程：采用高速纺丝工艺形成原丝（POY）→高速拉伸工艺形成全牵伸丝 FDY（Fully Drawn Yarn）丝或高速拉伸—假捻变形工艺形成 DTY 或拉伸加捻工艺形成 DY 丝。

（2）原丝特点：在高速纺丝时，纺丝速度形成的拉伸效应显著，拉伸形变使涤纶纤维大

分子链产生显著的取向，但结晶度仍然较低，其超分子集聚态结构仍不够稳定，丝的强度低、伸长大、尺寸稳定性差，仍不能直接作为织物的原料使用。但在特殊情况下，可作为复合长丝的高收缩组分使用。

（3）纺丝速度与后加工拉伸倍数：纺丝速度 2500～3500m/min；拉伸加捻速度 600～1100 m/min；后加工拉伸倍数 1.3～1.7 倍；拉伸变形加工速度 450～800 m/min。

（4）高速纺拉伸—变形丝的特点：由高速纺丝得到的 POY 丝，通过不同加工工艺可形成以下几种不同的长丝纱线。

FDY：高速纺丝得到的 POY 丝，在经过高速拉伸，得到全牵伸丝 FDY；这种丝具有较高的结晶度和取向度，分子结构状态稳定，纤维无卷曲，具有强度高、伸长小、尺寸稳定性好等优点，可直接作为织物的原料使用。

DTY：高速纺丝得到的 POY 丝，在经过高速拉伸，假捻加弹后得到低弹丝 DTY；这种丝纤维具有较高的结晶度和取向度，纤维具有明显的卷曲，纤维之间还有少量缠结。DTY 纱线具有强度高、弹性伸长较大、纱线蓬松等优点，可直接作为织物的原料使用。

ATY（Air-Textured Yarn）：高速纺丝得到的 POY 丝，在经过中速拉伸，空气变形后得到空气变形丝 ATY；这种丝纤维具有较高的结晶度和取向度，纱线内有大量的卷曲纤维，纤维之间还有大量缠结。具有短纤维纱线相似的外观，蓬松而有弹性。ATY 纱具有强度高、蓬松且弹性伸长较大等优点，可直接作为织物的原料使用。

NSY（Non-Sizing Yarn）：高速纺丝得到的 POY 丝，在经过中速拉伸，空气网络变形后得到网络变形丝 NSY；这种丝纤维具有较高的结晶度和取向度，纱线内纤维每隔一定间隙会产生纤维的缠结，即网络结。纱线较为蓬松，NSY 纱具有强度高、织造免上浆等优点，可直接作为织物的原料使用。

4.基于超高速纺丝的高取向丝的生产工艺

（1）工艺：以超高速纺丝速度 6000 m/min，一步法工艺形成原丝（HOY）。

（2）原丝特点：在超高速纺丝时，由于纺丝的拉伸作用非常明显，熔体丝条上出现明显的细颈点，涤纶分子链被快速地拉伸取向，由取向进一步诱导结晶，由此得到涤纶分子链充分取向和结晶的超高速纺丝（HOY）。这种丝的结构状态稳定，强度大、伸长小、沸水收缩率低，可直接作为织物的原料使用。

（3）纺丝速度与后加工拉伸倍数：纺丝速度大于 6000m/min；不需拉伸工艺。

（4）超高速纺丝 HOY 丝的特点：从超高速纺丝得到的 HOY 丝，具有产量高、条干好、染色特性好的优势。但织物手感偏硬，弹性稍差，适合作为塔夫绸或涂层织物的底布。

思考题 ▶▶

（1）高分子材料的纺丝成型有哪几种工艺方法？

（2）熔融纺丝与溶液纺丝有什么不同？

（3）长丝纱线的成纱过程包括哪几个步骤？

（4）请从纺丝工艺和长丝的物理力学性能两个方面，分别说明涤纶长丝的 POY、FDY、DTY、HOY 分别代表什么意思？

实训题 ▶▶

（1）试用显微镜观察涤纶长丝 POY、FDY、DTY 纱线，说明观察到的纤维集合体形态特点是什么？

（2）试用显微镜观察普通涤纶长丝、异型截面涤纶长丝、中空涤纶长丝的截面，并描述你所观察到的现象。

（3）网上调查，PET FDY 100d/48f，PET DTY100d/36f，PA FDY 75d/24f 等化纤长丝的现行价格？

（4）已知某长丝纺丝机螺杆吐出量为 30g/min，喷丝板孔数为 24f，当卷绕头的速度分别为 1200m/min、2500m/min、3100m/min、4500m/min 时，请计算所得到的长丝的线密度（dtex）与单纤维的线密度（dtex）。

（5）已知某长丝纺丝机螺杆吐出量为 24g/min，卷绕头的速度为 3100m/min，喷丝板孔数分别为 9f、32f、48 f 时，请计算所得到的长丝的线密度（dtex）与 单纤维的线密度（dtex）。

（6）已知某长丝纺丝机螺杆吐出量为 30g/min，喷丝板孔数为 9f。如果要纺出的长丝线密度为 100dtex，试问卷绕头的速度应该为多少 m/min？其单丝线密度为多少 dtex？

第六章
织物的概念及机织物成形原理

本章知识要点:

1. 了解织物的分类、机织物的成形原理、织物组织的概念及其表示方法;
2. 了解织造准备的工艺流程及各工序的目的、作用和原理;
3. 了解无梭织机的特点以及工作原理。

第一节 织物的定义及分类

所谓织物,就是由纺织纤维和纱线制成的柔软而具有一定力学性质和厚度的制品,简称为布。到目前为止,人类已发明了很多种不同的织物成型原理与方法。需要说明的是,即使是使用相同的织物成型方法,如果更换织物所用的原料,并且适当调整成型机构的工艺参数,就能改变所生产织物的结构与外观风貌。因此,织物的设计与生产已经发展成为内容丰富且非常复杂的技能知识。在设计和选择织物时,重点要考虑织物的物理力学性能和客户对织物美观性的要求,当然还要考虑它的生产成本和市场能够接受的销售价格。根据织物的使用用途,可以把它分为服装用织物、家用织物和产业用织物。织物的成型方法有机织、针织、非织造和编结等。

一、机织物

由互相垂直的一组经纱和一组纬纱在织机上按一定的沉浮规律进行交织,所形成的织物沿经纱方向移动输出。

二、针织物

由一组或多组纱线在针织机上彼此成圈连接而成,织物沿纵向从机器中输出。

三、非织造布

由纤维、纱线或长丝,用机械、化学或物理的方法使之黏结或结合而成,所形成的薄片状或毡状的结构物称为非织造布,简称无纺布。

四、编结物

一般是以两组或两组以上的条状物相互错位、卡位交织而成。

图 6-1 所示为机织、针织、编结和非织造成形方法所加工的织物结构示意图。

机织物　　　纬编针织物　　　经编针织物　　　编织物　　　非织造布

图 6-1　不同成形方法所形成的织物

第二节　机织物的成型原理与工艺简介

一、机织物的概念及其特征

1.匹长

匹长是指织物长度，一般用米（m）表示。织物的匹长主要根据织物的用途、重量、厚度和织机的卷装容量等因素而定。织物成匹的长度直接与使用有密切关系，过长或过短都有可能在使用过程中产生过多的零料而造成浪费。织机卷装容量的条件是制定成匹长度的依据之一，因为过长时机械设备不相适应，过短时会影响生产效率。一般匹长棉织物为 30～60m，精纺毛织物为 50～70m，粗纺毛织物为 30～40m，丝织物为 20～50m，麻类夏布为 16～35m。

2.幅宽

幅宽是指织物的门幅宽度，一般用厘米（cm）表示。幅宽主要根据织物的用途、设备条件等因素制定，并逐步向阔幅发展。一般幅宽棉织物为 80～120cm 和 127～168cm，近年来幅宽为 106.5cm、122cm、135.5cm 的织物渐多，甚至有 300cm 以上的无梭织物；精纺毛织物为 143cm、145cm 和 150m 三种；丝织物为 70～140cm，麻夏布为 40～75cm。

3.厚度与重量

（1）厚度：织物的厚度是指织物的厚薄程度，影响织物厚度的因素主要有纱线的粗细、织造密度、织物组织以及纱线在织物中的弯曲程度等。织物厚度对织物的耐磨性和保温性等有较大相关。一般服用织物是夏季较薄，冬季较厚。

（2）织物重量：织物重量指单位面积内织物的重量，通常使用每平方米克重（g/m^2）表示。影响织物重量的因素主要有纤维的相对密度、纱线的粗细、纱线的结构、织物的密度以及混纺比例等。在各种织物中，一般棉织物的重量为 70～250g/m^2；精纺毛织物为 130～350g/m^2；粗纺毛织物为 300～600g/m^2；薄型丝织物为 20～100g/m^2。通常，服用织物的重量是夏装轻、冬装重。夏令服装，宜使用 195g/m^2 以下的轻薄型织物；春秋服装，宜使用 195～315g/m^2 的中厚型织物；冬令服装，宜使用 315g/m^2 以上的厚型织物。

4.布边

布边是织物在长度方向的边，通常宽度在 10～15mm，且分布在织物的两边。布边的作用是防止边经松散脱落，增加织物边部对外力的抵御能力。在织造过程中，布边承受边撑的作用，防止织物纬向过分收缩，保持布幅。在染色和整理过程中，布边承受刺针、钳口的作

用，防止织物被撕裂或损坏。在丝织、毛织等高档织物生产中，还可在布边上织出边字，介绍品名、质量等信息。

布边要求平整、牢固、光洁、硬挺，因此，布边的结构与设计很重要。织造时采用各种方法和技术使布边比布身更牢固，包括在布边使用较粗的经纱、增加单位长度内的经纱数、用股线作边经纱、采用较大的捻度纱线以及采用与布身不同的组织。由于布边与布身的这些差别，所以很容易区别。

有梭织机使用梭子引纬，梭子既是引纬器又是载纬器，其往复引纬所产生的布边为光边。无梭织机引纬通常采用单侧引纬，且一纬一剪，纬纱在布边处不连续，形成所谓的毛边，这种毛边的经纬纱之间没有形成有效的束缚，很容易脱散，为此，在无梭织机上需通过专门的成边装置对毛边进行处理，形成所谓的加固边。无梭织机的加固边形式有折入边、纱罗边、绳状边、热熔边和针织边等。图6-2所示为织物布边结构。

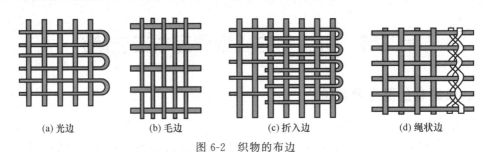

(a) 光边　　　　(b) 毛边　　　　(c) 折入边　　　　(d) 绳状边

图 6-2　织物的布边

5.经纱和纬纱

更好地理解机织物特征的方法之一就是知道经、纬纱之间的区别。因为织物样布是沿着经纱垂直方向放置的，因此必须确定哪一组纱线为经纱，以便正确放置。更重要的是服装通常是照经向作为长度方向裁剪的，因此设计师必须检查织物的悬垂性是否满足服装的要求。在各种情况下，区别经、纬纱都是非常必要的。以下是几种能够区别经、纬纱的方法：

(1) 布边：经纱总是平行于布边。

(2) 线密度：若织物中有一个系统的纱线含有两种及两种以上线密度时，则该系统纱线为经向。

(3) 捻度：大多数情况下，短纤经纱比短纤纬纱应具有更大的捻度，因为在纱线捻度临界值范围内，捻度越大强力越高。经纱在织造和整理过程中通常要承受更多的外力作用，所以需要较大的捻度，以保证有足够的强力抵御外力作用。

(4) 捻向：若织物中两个系统纱线成纱捻向不同时，则Z捻为经纱，S捻为纬纱。

(5) 织物密度：通常织物单位长度内经纱数大于纬纱数，这样使织物在长度方向上的强力更高。这是必要的，因为在后整理过程中大量的张力是作用在长度方向上的。然而有时织物单位长度内经、纬纱的根数是相等的，有时纬纱更多一些，前者如方形印花布，后者如灯芯绒。

(6) 合股纱：相同线密度的多股纱比单股纱强力好。因此，织物中一个系统纱线为股线，而另一个系统为单纱时，通常股纱为经纱，以增加其强度，而单纱为纬纱。

(7) 硬挺度：在100%短纤纱织物中，经纱通常比纬纱硬挺，因为经纱通常有更大的捻度。在100%长丝织物中纬纱通常较硬挺，因为纬纱通常较粗，较硬挺的那组纱线通常导致在其方向上织物的悬垂性差。

(8) 拉伸性：通常织物在纬向有更多的伸长。大多数情况下，由于单位长度内经纱数比纬纱多，因此当纬纱和经纱交织时，纬纱通常有更多的弯曲。

（9）条纹：织物纵向上有时有条纹。经向条纹仅需要在整经时将适当的色纱正确地分组。当织物沿着纵向条纹裁剪时，服装能给穿着者一种变长和变瘦的外观感觉。

6. 正反面

织物在工艺上有正面、反面之分，正面有较好的外观且通常作为服装的外面。有时为达到特殊效果而将织物反面作为服装外面使用。为了使织物的正面在处理和储藏过程中得到保护，在织物打卷或折叠时，通常使织物的反面在外面。

有各种各样的原因使织物正、反面外观不同。织物的两面可能因为织物组织或整理而不同。一般织物正面的花纹、色泽均比反面清晰美观，此特征可作为织物正反面之间的一个重要区别。平纹、纱罗、$\frac{2}{2}$斜纹等正、反面组织相同的织物，通常正面颗粒饱满或纹路清晰，并富有光泽。

某些后整理，例如起毛或者刷毛只能影响织物的一面，然而其他工艺，例如碱处理，将渗透整块织物。起毛可使织物有明显的正面，例如法兰绒。不过，丝光处理将对织物两面产生同样的变化，从而形成双面织物。

注意：对于同一件服装来说，各衣片应采用面料的同一面。尽管初看织物两面非常相像，但在光泽和色泽方面还是存在着轻微的差异。当服装做好并穿在身上后，这种差异才会变得清晰起来。在洗涤之后，这个差异会变得越来越明显。

7. 密度

密度是织物质量的一个度量指标。在经向或纬向上单位长度内的纱线根数称作经向或纬向密度。密度有公制和英制之分，但不管公制密度还是英制密度，织物的经、纬向密度均用两个数字中间加符号"×"来表示。例如：523.5×283 表示织物经向密度为 523.5 根/10cm，纬向密度为 283 根/10cm。

织物密度是衡量织物质量的一个度量标准。纱线密度越高，织物的强度越好，重量越重，越是耐磨、手感也越好，还会减少纱线移位的可能性。当然，增加织物密度也就提高了它的成本。

二、机织物的成形原理

织机就是把经纱与纬纱相互交织形成织物的机器设备。如图6-3所示，沿织机纵向排列的经纱从织轴9上退绕下来，绕过后梁8，穿过经停片7、综框6中的综丝眼和钢筘5的筘齿间隙，经过导布辊2绕于卷布辊1上。综框按一定规律升降，带动经纱分为上下两层，形成一个叫做梭口的菱形空间，这一过程称为开口；引纬器或引纬介质从菱形空间穿过，并在其中引入与经纱方向相垂直的纬纱，这一过程称为引纬；沿织机前后方向摆动的钢筘将刚引入的纬纱推向织机前方，这一过程称为打纬。在打纬过程中上下层经纱交换位置，与纬纱相

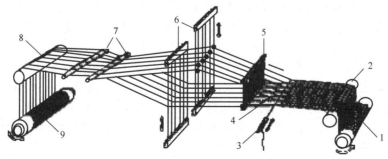

图6-3 机织物形成示意图

1—卷布辊；2—导布辊；3—纬纱；4—经纱；5—钢筘；6—综框；7—经停片；8—后梁；9—织轴

互弯曲抱合，完成经纬纱的交织。为了能连续不断地形成织物，需不断地从织轴上退绕输出经纱，并及时引离打纬形成的织物，卷绕到卷布棍上，这两个过程分别称为送经和卷取。

开口、引纬、打纬、送经和卷取是织布机上的五种主要运动，称为五大运动。这五大运动并分别由相应的机构在时间上协调配合，完成织物的织造过程。在织造过程中，综框的升降运动规律不同，经纱和纬纱的交织规律也不同，从而形成各种不同组织的织物；织物被引离织物形成区的速度不同，纬纱之间的间隔即纬纱密度也不同；经纱之间的间隔即经纱密度由钢筘的筘号即筘齿排列密度及每筘齿经纱穿入数所决定；经纬纱的交织规律、在织物中的排列密度、在织造过程中的张力及其原料性能、线密度等共同决定了经纬纱在织物中的空间状态即织物结构，使织物具有一定的内在物理机械性能和外观风格特征。因此，不同的织物品种需要不同的织造工艺，不同的织机具有不同的品种适应性。

三、织机加工工艺简介

为了织造过程的顺利进行及保证成品质量和织机生产效率，织机在织物加工过程中必须有合理的加工工艺，所谓加工工艺就是织机上一些机械部件的安装位置和电器部件的设定值，称为织造工艺参数。织造工艺参数可分为固定工艺参数和可变工艺参数两种类型。其中，固定工艺参数在织布机设计、安装好后已经确定，一般织造时不因织物品种变化而变化，如胸梁高度、筘座摆动动程等；可变工艺参数，又称上机工艺参数，对织造效率和产品品质有很大影响，可根据所加工的织物品种进行设定和调整，如经位置线、开口时间、经纱上机张力等。可变工艺参数的制定是一项重要且复杂的工作，因为它不仅影响到织机效率和织物质量，而且工艺参数之间会相互影响，变动一个参数必须考虑其他参数的协调。因此必须全面考虑才能制定出合理的上机工艺参数。

（1）梭口高度：其大小与经纱绝对伸长量的平方成正比，对经纱的伸长与断头影响很大，因此在确定梭口高度时，在确保不出现断边经、跳纱等织疵，引纬器能顺利通过梭口的情况下，梭口高度以小为好。

（2）经位置线：是指经纱处于综平位置时，经纱自织口到后梁同有关机件相接触的各点连线，主要由织口、综眼、后梁三点的位置决定，对织物质量特别是织物外观风格有很大影响。对于特定的织布机机型，织口和综眼的位置在织布机设计时已经确定，所以上机时经位置线的工艺调整主要是调节后梁高低和前后位置。一般要求外观平整、纹路清晰的斜纹、缎纹及提花织物宜采用上下层经纱张力差异较小的低后梁工艺织造；对于要求织物表面丰满、颗粒突出，给人以厚实感觉的平纹类织物宜采用下层经纱张力差异较大的高后梁工艺织造。

（3）开口时间：是指综框平齐、经纱回到经位置线的时刻，也称综平时间，它的早迟对开口清晰度、引纬顺利进行和打紧纬纱有较大影响。开口时间早，打纬终了时梭口开的较大，经纱张力大，有利于开清梭口和打紧纬纱，但经纱与钢筘摩擦加剧，容易造成经纱断头。因此，平纹织物、紧密度高的织物开口时间较早；斜纹、缎纹、提花织物开口时间较迟，这样可使织物纹路清晰、花纹变形少，经纱断头率也较低。

（4）经纱上机张力：是指综平时经纱静态张力。上机张力对织物形成和织造时经纱断头率有极大关系。上机张力过小，打纬时织口的移动量大，不仅达不到预定纬密，还会使经纱与钢筘、综眼的摩擦动程增大，从而造成经纱断头。相反，上机张力过大，经纱受力也较大，同样也会引起经纱断头。因此，制定合理的上机张力是减少经纱断头和保证织物质量的关键工艺参数之一。

上机张力一般根据纱线的强力和织物品种确定，通常小于经纱断裂强力的20%。上机张力的大小也影响织物的外观质量，凡要求表面平整的织物，上机张力稍大些；平素织物上机张力大些，而提花织物上机张力小些；轻薄织物上机张力小些；双经轴织造时，主经轴上机张力大，副经轴上机张力小。对于无梭织机织造，因其引纬器小、梭口高度小，为开清梭口，上机张力可大些，但不要超过经纱断裂强力的30%。

第三节 织物组织结构及其表达

机织物的组织结构就是经纱和纬纱相互交错或经纱和纬纱彼此浮沉的规律。一般把经纱和纬纱的相交点称为织物的组织点。

为了确定织物的组织，通常分析检查织物的正面（有时是反面），观察每一个经纬纱交织点，判断经纱浮于纬纱上面还是纬纱浮于经纱上面。如果经纱浮在纬纱之上，则称为经组织点（经浮点），如果经纱沉在纬纱之下或纬纱浮在经纱之上，则称为纬组织点（纬浮点）。织物组织的经纬纱浮沉规律可用组织图来表示。一般在带有格子的意匠纸上，用纵行格子代表经纱，横行格子代表纬纱来描绘织物组织。此时经组织点（经浮点）方格中用符号"■ ⊠ ⊡ ◙"表示，纬组织点（纬浮点）在方格中用符号"□"表示。如图6-4，纵向排列的四根黑色经纱与横向排列的四根白色纬纱交织，图6-4（a）反映了四根经纱与四根纬纱沉浮交织情况，图6-4（b）反映了纬纱分别与四根经纱沉浮交织的情况，图6-4（c）反映了经纱分别与四根纬纱沉浮交织的情况。如果以"■"表示经组织点，以"□"表示纬组织点，则图6-4（d）（e）（f）分别表示织物的组织。

织物有三种基本组织：平纹组织、斜纹组织和缎纹组织。其他所有组织都是以这三种组织为基础加以变化或联合使用而得到的。

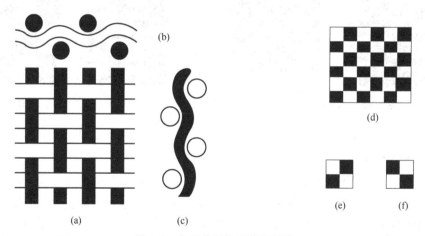

图 6-4 交织的织物及其组织图

织物的组织类型取决于织物的外观和性能要求（参见表6-1）。在选择织物组织之前，必须综合考虑以下因素：光泽、强度、花型、色彩效果以及最重要的因素——成本。

表 6-1 基本组织性能比较

组织	光泽	抗钩丝性能	表面效果	撕裂强度	抗皱性能
平纹	差	良好	平整、一般	低	差
斜纹	一般	好	斜的纹路	中等	一般
缎纹	良好 （尤其是长丝织物）	浮线过长时差	光滑	高	好

一、平纹组织

平纹组织是一种最简单但运用最多的组织。如图 6-5 所示，在平纹组织中，每根经纱在整个织物长度内交替地从纬纱的上、下穿过。两根相邻经纱的交织规律正好相反：1 根经纱从纬纱的下面穿过时，相邻经纱则从这根纬纱的上面通过。第 3 根和第 4 根经纱的交织顺序分别与第 1 根和第 2 根的相同。在织物的整个幅宽范围内，每根纬纱交替地从经纱上、下穿过。连续两根纬纱的交织规律正好相反，当第 1 根纬纱从经纱的上面穿过时，第 2 根纬纱则从这根经纱的下面穿过，第 3 根和第 4 根纬纱的交织顺序分别与第 1 根和第 2 根的相同。因此，两根经纱和两根纬纱即可组成一个完整的组织循环。为了简单起见，我们将这种有规律的组织记为平纹，2 根经纱和 2 根纬纱构成一个组织循环。

使用平纹组织的织物比较多，从薄型织物到厚重织物都有运用。例如：纱布、雪纺绸、方格色织布、塔夫绸、摩擦轧光印花棉布、粗麻布和粗帆布等都是平纹组织。

以平纹组织为基础，通过延长或增加组织点的方法，可以构成各种平纹变化组织。图 6-6 所示即为以平纹组织基础，在经纬两个方向延长组织点而形成的 $\frac{2}{2}$ 方平组织，该组织常用作各种织物的布边组织。

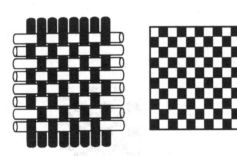

图 6-5　平纹织物及其组织图

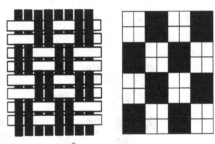

图 6-6　$\frac{2}{2}$ 方平织物及其组织图

二、斜纹组织

斜纹组织在布面上产生斜纹。如图 6-7 所示，在右斜纹中，斜线向右上方倾斜；在左斜纹中，斜线向左上方倾斜；布反面的斜向同正面的相反。劳动布、华达呢、卡其、哔叽等是常用的斜纹织物。

斜纹组织很多，最简单的斜纹组织如图 6-7 所示。该斜纹组织中，每根经纱在整个织物长度内交替地从两根纬纱上穿过，然后再从一根纬纱下穿过，依次循环，形成两上一下的交织规律。相邻经纱的交织规律也相同，不过要上提一个组织点。在织物的整个幅宽范围内，每根纬纱交替地从两根经纱下穿过，然后再从一根经纱上穿过，依次循环，形成两下一上的交织规律。相邻纬纱的交织规律也相同，不过要左移一个组织点。

由图 6-7 可以观察出，对于经纱来说，第 1 根和第 4 根经纱交织顺序，第 2 根和第 5 根经纱交织顺序，第 3 根和第 6 根经纱交织顺序分别相同。对于纬纱来说，第 1 根和第 4 根纬纱交织顺序，第 2 根和第 5 根纬纱交织顺序，第 3 根和第 6 根纬纱交织顺序分别相同。因此，三根经纱和三根纬纱即可组成一个完整的组织循环。为了简单起见，我们将这种有规律的斜纹组织记为 $\frac{1}{2}$ 斜纹，3 根经纱和 3 根纬纱构成一个组织循环。

图 6-8 为 $\frac{2}{2}$ 斜纹织物，其特点是经纬组织点数量相同，因此被称作平衡斜纹。对于平衡织物来说，经纬纱线的细度相同、经纬密度也相同。大多数斜纹织物为经面织物或双面织物。这种织物形成的斜纹更加明显，表面也更耐磨。

 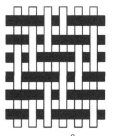 

图 6-7　$\frac{1}{2}$ 斜纹织物及其组织图　　　　　图 6-8　$\frac{2}{2}$ 斜纹织物及其组织图

三、缎纹组织

最简单的缎纹组织如图 6-9 所示，该缎纹组织中，每根经纱在整个织物长度内交替地从一根纬纱下穿过，然后再从四根纬纱上穿过，依次循环，形成一上四下的交织规律。相邻经纱的交织规律也相同，不过要上提两个组织点。在织物的整个幅宽范围内，每根纬纱交替地从一根经纱上穿过，然后再从四根经纱下穿过，依次循环，形成四下一上的交织规律。相邻纬纱的交织规律也相同，不过要左移三个组织点。

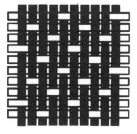 

图 6-9　缎纹织物及组织

由图 6-9 可以观察出，对于经纱来说，第 1 根和第 6 根经纱交织顺序，第 2 根和第 7 根经纱交织顺序，第 3 根和第 8 根经纱交织顺序，第 4 根和第 9 根经纱交织顺序，第 5 根和第 10 根经纱交织顺序分别相同。对于纬纱来说，第 1 根和第 6 根纬纱交织顺序，第 2 根和第 7 根纬纱交织顺序，第 3 根和第 8 根纬纱交织顺序，第 4 根和第 9 根纬纱交织顺序，第 5 根和第 10 根纬纱交织顺序分别相同。因此，5 根经纱和 5 根纬纱即可组成一个完整的组织循环。为了简单起见，我们将这种有规律的缎纹组织记为五枚二飞缎纹组织，5 根经纱和 5 根纬纱构成一个组织循环。如果组织循环中每根经纱上只有一个纬组织点，其余均是经组织点，则称为经面缎纹，如图 6-10。组织循环中每根纬纱上只有一个经组织点，其余均是纬组织点，则称为纬面缎纹，如图 6-11。

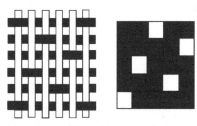 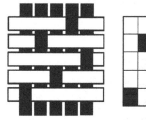 

图 6-10　五枚经面缎缎纹织物及组织　　　　图 6-11　五枚纬面缎缎纹织物及组织

缎纹组织是根据织造时所需的综片数设计的。某种缎纹可能被命名为 5 枚缎纹或 5 综缎纹。织造缎纹最少需要 5 片综，同时它也是应用最为广泛的综片数。有时也会生产 7 枚缎纹

和 8 枚缎纹，但超过 8 枚就不经济了。

对于 5 枚缎纹来讲，在一个组织循环中只有 5 个交织点。交织点数目与织造时所需的综片数相同，缎纹的浮长比所用的综片数少 1，所用的综片数与经纬两个方向的循环数也相等。

缎纹也可以作为一种缎纹组织织物的名称。经缎织物多由长丝织造，并且织物正面主要呈现经纱浮长。由于使用有光长丝织造、交织点少而浮长较长、正面纱线很细而且十分紧密等众多原因，经缎织物表面光滑而且富有光泽。织物沿经向（浮长方向）光泽度最高，因此用这种织物做服装时必须沿经向（竖直方向）裁剪，以使服装具有最佳的光泽。

棉缎织物是一种耐用的纬面缎纹棉织物。由于它是用较粗的短纤纱织造而成的，重量较重，因而不如经面缎纹光泽感强，同时悬垂性也较差。

在绉缎中，经纱很细且捻度较小甚至不加捻，纬纱却加以强捻。织物正面几乎全是经纱，反面几乎全是纬纱。由于纬纱捻度较高，因而织物反面具有起绉效应，但正面非常光滑。

由于织物有许多的经浮长或纬浮长（缎纹的交织点最少），因而缎纹的表面非常光滑。长浮线使缎纹织物富有光泽，但同时它们也是这类服装服用性能较差的原因。由于浮长较长，纱线经受的摩擦力作用也较多。同时，这种织物普遍采用长丝纱织造，浮线很容易被粗糙表面钩丝而断裂，因此，缎纹织物一般用在一些无需考虑耐磨性能的地方，例如：晚礼服、女士内衣和装饰布等。

然而，在一定的条件下，缎纹织物也可以获得良好的耐磨性能和强度。由于浮长较长，纱线可以滑移到另一根纱线下面，因此缎纹织物可以比短浮长和无浮长的织物的经纬密度大。假如织物的经纬密度非常大，那么，由于纤维密集，织物将非常耐用。另外，由于纱线紧密并使用短纤纱，钩丝将不再是一个严重的问题，纬面棉缎织物做成的足球运动服和军用迷彩服就是有着满意的悬垂性的例子。

第四节　织前准备简介

纱线作为经、纬纱线在织机上进行交织前，还要经过所谓的经纱准备和纬纱准备工序才能上机织造。即作为经纱使用的纱线要先把它做成织轴的形式，作为纬纱使用的纱线要先把它做成纬纱所需要的卷状形式。

普通本色织物的经、纬纱准备与织造工序如下：

络筒→整经→浆纱→ 穿（结）经→织轴挂机

普通本色织物的纬纱准备工序如下：

络筒→倍捻→络筒→（给湿、蒸纱）定型→纬纱

一、络筒

（一）络筒的任务

（1）改变纱线的卷装形式；

（2）检查纱线直径，去除纱线上的细节和弱节，消除纱疵。

（二）络筒的要求

（1）卷绕张力适当，波动小；

（2）筒子的形状和结构应保证后道工序的顺利退绕；

（3）染色用筒子，必须保证结构均匀，以便染液均匀渗透；

（4）纱线的结头小而牢；

（5）尽可能增加卷装容量，提高卷绕密度。

（三）络筒工艺流程

络筒机的工艺流程如图 6-12 所示。主要包括以下几个步骤：

（1）纱线自管纱上退绕下来，经过气圈控制器、预清纱器，由气圈控制器防止退绕气圈的扩大；预清纱器一方面过滤纱线的粗节，另一方面确定纱线前进的路径。

（2）纱线沿路径经过气动式张力器和上蜡装置，纱线经过气动夹紧式张力器后，纱线张力增大，可通过调整气动夹紧式张力器正压力来控制纱线张力的大小。当强力的弱节部分通过此段时会被拉断，以此消除纱线上的弱节；上蜡装置可使纱线表面的毛羽服帖，并降低纱线表面的摩擦系数。

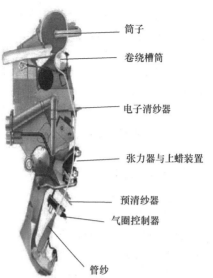

图 6-12　自动络筒工艺流程

（3）纱线经过电子清纱器，消除纱线上不符要求的粗节和细节。

（4）纱线通过槽筒的摩擦卷绕在纸管上，形成大卷装的筒子。

（5）无论何原因造成的纱线断头，都由自动打结器完成纱线的连接。

二、整经

（一）整经的目的、任务与工艺要求

1.目的

把单根纱卷装的筒子纱改变成具有数千根纱卷装的圆柱形经轴或织轴。

2.任务

按工艺设计的要求，把一定数量的筒子纱排列成具有一定幅宽和具有一定长度的平行纱片，按工艺规定的适当且均匀的张力平行卷绕到经轴上，供浆纱或并轴用。

3.整经工序的工艺要求

经纱张力均匀、经纱排列均匀、经纱卷绕均匀。即要求：①全片经纱张力适度、均匀；②片纱排列均匀，以使卷绕形状正确、密度均匀；③整经长度准确，整经根数，纱线配列绝对准确；④接头符合标准。

（二）整经方式

1.分批整经

又称轴经整经。将全幅织物所需的总经根数分成几批（每批约 400～800 根），分别卷绕到宽度与织轴相近的经轴上，每一批的宽度都等于经轴的宽度，每个经轴上的纱线根数基本相等，然后再把这几个经轴在浆纱机或并轴机上合并，并按工艺规定长度卷绕到织轴上，最后通过合并做成织轴。

分批整经的特点是整经速度快、生产效率高、经轴质量好、片纱张力较均匀，适宜于原色或单色织物的大批量生产。

2.分条整经

又称带式整经。根据配色循环和筒子架容量，将织物所需的总经根数分成根数相等的几份条带，按规定的幅宽和长度一条挨一条平行卷绕到整经滚筒上，最后将全部经纱条带倒卷

到织轴上。即将织物全部经纱根数分成若干小部分，每个小部分以条带状卷绕在一个大滚筒上，长度达到要求后剪断固结，依次卷第二条、第三条……直到做完工艺设计所有条数为止。全部条带卷完后，再一齐从大滚筒上退解出来，卷绕到织轴上。

分条整经的特点是两次卷绕成形（逐条卷绕、倒轴），生产效率低，各条带之间张力不够均匀，花纹排列十分方便，不需上浆的产品可直接获得织轴，缩短了工艺流程，适宜于丝织、毛织、色织产品小批量生产。

（三）整经机的工艺流程

图6-13所示为分批整经机的工艺流程简图，锥形筒子1放置在筒子架上，经纱从筒子1上引出，经过筒子架上的张力器、导纱部件及断头自停装置后，被引到整经机的车头，通过伸缩筘2后形成排列均匀、幅宽合适的片状经纱，再经导纱辊3，卷绕在整经轴4上。整经轴4由电动机直接传动，压辊5以规定的压力紧压在整经轴上，使整经轴获得均匀适度的卷绕密度和圆整的外形。在压辊5或导纱辊3上装有测长传感器，为线速度测量和计长采集信息，当卷绕长度达到工艺规定的整经长度时，计长控制装置关车，等待上、落轴操作。

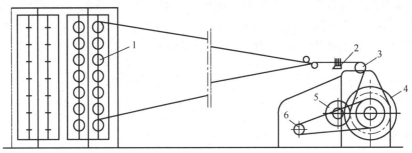

图6-13　分批整经工艺流程

图6-14为分条整经机的工艺简图。纱线从筒子架1上的筒子2引出后，经导杆3、后筘4、导杆5、光电断头自停片6、分绞筘7、定幅筘8、测长辊9以及导辊10再逐条卷绕到滚筒11上。滚筒上的全部纱线随织轴12的转动再卷绕到织轴上。

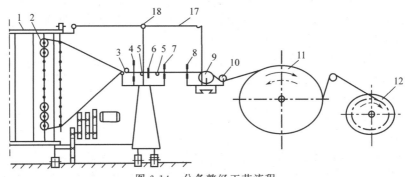

图6-14　分条整经工艺流程

三、浆纱

（一）浆纱的任务、目的和要求

1.浆纱的任务

让经纱的表面和内部黏附、渗入一定量的浆液，再经过烘燥使表面成膜、内部部分纤维相互黏结，以此增加原纱的断裂强度和耐磨性，提高其织造性能。

2.浆纱的目的

一方面是由于浆膜的作用使纱线的毛羽贴伏，降低其摩擦系数；另一方面使纱线内部的纤维相互粘连，改善纱线内纤维的抱合力，增强其拉伸断裂强度。

3.浆纱的要求

增强保伸；毛羽贴伏，耐磨性提高；纱线上浆均匀，伸长一致；回潮率适中；卷装良好，织造退解顺利。

（二）浆纱机的基本组成

浆纱机的基本组成主要包括轴架、上浆装置、烘燥装置和车头部分。

（三）浆纱的基本过程

1.上浆工艺过程

浆纱的工艺过程见图 6-15，此时纱线从经轴上退解下来，由引纱辊引入浆槽，经浸没辊、上浆辊、压浆辊吸浆、压浆后，再经湿分绞棒将其分成几层后进入烘房烘燥。烘干后的纱线出烘房后，紧接着进行后上蜡和干分绞，最后被卷绕成浆轴或织轴。

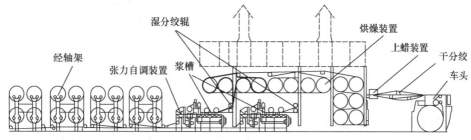

图 6-15 浆纱工艺过程

2.浆纱所经历的三个重要步骤

（1）浆液浸润：经纱由浸没辊的引导进入浆液槽，通过与具有一定黏性的黏稠状的浆液的直接接触，浆液首先浸润纱线的表面，然后进入纱线内部纤维之间，之后又进一步渗入纤维内部。

（2）压辊挤压：经过挤压辊的浸轧，一方面挤出纤维表面多余的浆液和纤维之间的自由水，同时由于挤压辊的作用，使浆液进一步渗入到纱线和纤维内部。

（3）烘房烘燥：通过烘筒和干热蒸汽的烘燥，包覆在纱线和纤维表面的浆液凝固成一层薄薄的浆膜，包覆于纱线和纤维的表面，使纱线表面的毛羽帖服在纱干上。减少纱线表面的摩擦系数，提高其耐磨性。渗透到纱线内部的浆液干燥后使内部部分纤维互相黏结，增大了纤维之间的抱合力，使纱线的断裂强度提高，断裂伸长减少。

3.经纱经过浆纱后纱线性能所发生的变化（见表 6-2）

表 6-2 纱线上浆前、后性能变化情况

纱线各项性能	浆纱后与浆纱前相比	产生的原因
表面毛羽	毛羽伏贴,纱线光滑	浆液黏附作用
表面摩擦系数	摩擦系数变小耐磨性能提高	表面形成浆膜被覆效应
表面手感	手感变光滑,纱线变硬	表面形成浆膜和覆盖的结果
纤维抱合力	纤维黏结在一起,抱合力提高	浆液渗透入纱线内部
纱线断裂强度	增大	浆膜的增强效应,纤维抱合 改善变形协调性改善
纱线断裂伸长	减小	纤维抱合改善,拉伸时纤维之间的滑移减少

四、穿结经

（一）穿结经的任务与要求

1.穿结经的目的

经纱经过整经、浆纱后，成为织轴的形式。但为了进行织造，经纱还必须穿入钢筘、综丝、停经片等。

钢筘是由一片一片筘齿组成的。经纱穿入一片一片筘齿之间，一方面可以控制经纱排列的密度使经纱沿纬向均匀排列，另一方面打纬时钢筘可以把打纬力均匀地传递给纬纱形成织物。

综框是控制经纱上升或下降运动的装置。挂在同一综框上的综丝具有相同的上升或下降运动规律。挂在不同综框上的综丝具有不同的上升或下降运动规律。为了使不同位置的经纱随综框上下运动形成梭口，必须将经纱穿入一根一根综丝眼中，经纱穿入的综丝如果在同一片综框上，则这些经纱具有相同的运动规律。

停经片是感知经纱织造张力的传感元件。如果将经纱穿过停经片，则它能感知到经纱的张力。在经纱张力的作用下，停经片悬空挂在经纱上。如果经纱发生断头，则经纱失去张力，此时停经片下落，并发出信号告知经纱断头。因此，将每根经纱分别穿入停经片，可以对每根经纱的断头情况进行监测。

2.穿结经的任务

作为进行织造前进行的最后一道工序，要将织轴上的经纱按照织物上机图及穿经工艺，依次穿过经停片、综丝、钢筘，为在织机上与纬纱以一定的规律交织形成所需的织物做好准备。

（二）穿结经方法

半自动穿经采用半自动穿经机和手工操作配合完成，其中分经纱、分停经片和电磁插筘动作由机器完成，因而可降低工人劳动强度，提高生产效率。

自动穿经采用全自动穿经机完成。全自动穿经机由传动系统、前进机构、分纱机构、分停经片机构、分综机构、穿引机构、钩纱机构和插筘机构等组成。

五、纬纱的准备

（一）纬纱系统

纬纱是由引纬系统引入梭口，与经纱进行交织形成织物的。有梭织机与无梭织机的引纬原理有很大的不同。有梭织机纱管是置入梭子内随梭子一起运动的。纱管上的纬纱必须能够快速退绕。无梭织机一般使用卷装较大的筒子，直接由储纬器引导筒子纱退绕，然后由无梭织机的引纬器（片梭、剑杆、喷射的气流或水流）将纬纱引入梭口。因此，纬纱要么被做成纡管的形式，要么被络成筒子纱的形式。

根据织物设计的要求，纬纱可能是股线，也可能是强捻，因此还需要合股，还需要加捻。对于捻度大的纱线还需要蒸纱定型。

纬纱的卷装形式可以是管纱、纡子纱、筒子纱；合股纬纱和强捻纬纱需要进行合股加工和捻线加工，以及纱线的定型加工；有些色织物的纬纱先把纱线络成绞纱进行染色，然后再把绞纱络成筒子纱作为纬纱使用；也有络成松式筒子进行筒子染色，然后再络成正常的筒子作为纬纱使用的。

（二）纬纱准备的任务、要求及种类

纬纱准备一般包括络筒、卷纬和定捻。

有梭织机工艺的纬纱准备内容与无梭织机工艺的纬纱准备内容是不同的。色织物与素织物的纬纱准备工艺也是不同的。

1.有梭织机工艺的纬纱准备

使用直接纬纱时：细纱管纱作为纬纱；

使用间接纬纱时：细纱管纱→络筒（清纱）→定捻→卷纬（纡子）。

2.无梭织机工艺的纬纱准备

将筒子纱作为纬纱使用。无梭织机纬纱准备包括络筒、倍捻和定捻等工序。

第五节　常用织机及新型织机简介

在织物上纵向排列的纱线是经纱，横向排列的纱线是纬纱。梭织物就是纵横排列的经纱、纬纱按一定的沉浮规律上下交织，形成片状纺织品。经、纬纱交织形成织物的基本过程如下：①开口：把经纱分成上下两层，形成梭口；②引纬：将纬纱引入梭口；③打纬：钢筘将纬纱推入织口，经纬纱完成交织形成织物；④卷取：由卷取机构将形成的织物引离织口，以便进行下一纬的交织；⑤送经：与卷取机构配合，送出形成下一纬织物所需要的经纱长度。

一、常用织机类型

织机能用多种方法进行分类，例如按提升经纱形成梭口的方式（凸轮、多臂或提花机），按梭口的数量（一个梭口形成一块织物，或者两个梭口形成两幅织物），或按引纬方式来分。目前在织造方面最有意义的进步是引纬方式的改变。

（一）有梭织机

用一把梭子在梭口中引纬的织机被称为有梭织机。梭子是一种木制的外形像船的装置（见图6-16），有一根卷绕着纬纱的木管（也被称为纡管）放在其中，当梭子在击梭器（打纬装置）的撞击下获得动能并飞速穿过上下层经纱形成的梭口空间时，纡管便随同梭子飞到织机的另一侧。如果将纡管上纬纱的头端引出并用布边夹持住，当梭子沿梭道飞行时，纬纱便从纡管上退解下来并在其后留下纬纱，当梭子飞行至织机另一侧时，纬纱在梭子的带领下穿过梭口，并被引至织机的另一侧完成引纬。有梭织机一般在织机的两侧都装有击梭装置，当梭子到达另一侧，在

图6-16　木制梭子

开口机构完成上下层经纱的交换后，对侧的击梭装置再次撞击梭子，获得动能的梭子飞速穿越梭口返回本侧同时再次完成引纬。依次循环，周而复始。

（二）无梭织机

无梭织机的引纬方式与有梭织机不同，作为纬纱的锥形筒子（容量要比纡管大得多）静止地放置在织机一侧，由往复运动的载纬器夹持纬纱穿过梭口完成引纬。一旦纬纱引过织机，纱线便被剪断，通常在织物边缘外留下一定长度的纬纱（有时这段纬纱被折进织物形成回折边）。由于纬纱的卷装不参与运动，所以纬纱的卷装可以做得较大，且可直接利用自动络筒机的筒子作为纬纱。

由于上述改革，无梭织机获得了比有梭织机更高的生产效率，更便捷地操作方式，更宽的织造幅宽，也更有利于织机速度的提高。

织机的速度可以用每分钟织机主轴转速来表示。为了比较织机织造效率，通常用1台织机在特定幅宽内每分钟的引纬率来作为比较的参数。织机引纬率来作为比较的参数。它等于织机的转数乘以织机幅宽，即：

$$引纬率（m/min）＝转数（r/min）×织机幅宽（m）$$

无梭织机载纬器可以采用剑杆、片梭或气流。由此开发了剑杆织机、片梭织机、喷射织机（含喷气织机、喷水织机）。

1. 片梭织机（见图 6-17）

片梭引纬是指很小很轻的夹子（大约是随身携带的小刀的尺寸）被推动通过织机，同时在它后面牵引着纬线。牵引纬纱通过织机时在纬纱上产生了拉伸，因此片梭织机不适合用于脆弱的纬线织造，但非常适于织造粗支纱线及普通纱线的织物。从适应的织物范围而言，这种织机在无梭织机中是最为通用的。同时它能生产最宽的织物，如能织造宽达 5.5m（18 英尺）的地毯。

图 6-17　片梭织机

2. 剑杆织机（见图 6-18）

剑杆织机用剑杆牵引纬纱通过织机。剑杆是一种刚性或者挠性的金属杆。在其一端装有 1 个夹持器。1 根剑杆牵引纬纱跨过整个织机的宽度，而第 2 根剑杆准备继续下一纬。因为剑杆不像在片梭引纬那样为自由飞行，在纬纱上施加的应力较小，因此剑杆织机能够织强力较弱的纬纱。剑杆织机能够生产范围很广的织物。

图 6-18　剑杆织机

3. 喷射织机

喷射织机是用高速喷射水流或者气流携带纬纱穿过织机。水流或者气流的力量携带纬纱从织机一侧引到另一侧。喷射织机比片梭织机或者剑杆织机（每分钟的引纬数）更快。但是它们不像片梭织机或者剑杆织机一样生产各种各样的织物，也不能达到一样的宽度（喷射织机的引纬力不如片梭织机和剑杆织机）。喷射织机也很少给经纱造成损伤，因为通过水流或者气流引纬对纱线没有磨损。而在片梭织机或剑杆织机中需在下层经纱上横跨梭口。

喷气织机最初的引纬力是由一个主喷嘴提供，接力喷嘴沿着梭口产生附加的辅助喷射以帮助纬纱通过织机。图 6-19 所示为喷气织机外形图，图 6-20 所示为喷气引纬原理示意图。

图 6-19　喷气织机

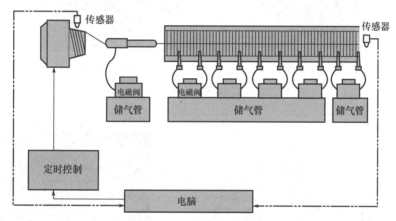

图 6-20　喷气引纬原理示意

喷水织机（如图 6-21 所示）只有一个主喷嘴提供纬纱引纬力，这种织机效率非常高，是无梭织机中最快的织机。

图 6-21　喷水织机

因为湿布不能贮存在布辊上，所以喷水织机装有高效的干燥装置。这种装置用真空吸水并加热织物以去除织物上的水。喷水织机最适合织疏水性长丝纤维，例如锦纶，尽管也能织造一些复合纱线如涤/棉纱，这种织机不能用于吸湿后强力下降的纤维纺成的纱线（如黏胶纤维）。

二、其他新型织机类型

（一）多梭口织机

1. 经向多梭口织机

经向多梭口织机在经纱方向同时形成多梭口，同时引入多根纬纱。梭口在幅宽方向是贯通的，引纬类似传统织机，如图6-22（a）所示。经向多梭口织机最早由瑞士Sulzer-Rüti开发，1995年首次面世。目前意大利Gentilini、英国Obit、瑞士Sulzer-Rüti三公司为经向多梭口织机主要生产商。图6-23所示为Sulzer-Rüti开发的M8300型经向多梭口织机。

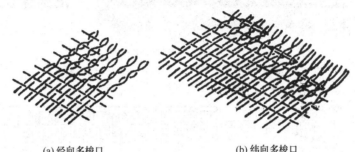

(a) 经向多梭口   (b) 纬向多梭口

图 6-22　经向多梭口和纬向多梭口

图 6-23　经向多梭口织机

2. 纬向多梭口织机

纬向多梭口织机是把纬纱方向形成的多个梭口首尾相连，织口呈圆形，多个载纬器在圆形轨道上做匀速圆周运动引入纬纱，如图6-22（b）所示。根据梭口与织机轴线的关系，纬向多梭口织机有水平梭口、倾斜梭口和垂直梭口三种。图6-24所示为六梭圆形织机及船梭运行状况。

（二）新型有梭织机

德国Mageba公司的新式SSL MV型有梭织机是为玻璃纤维或碳纤维近似精确预成形体所用多维织物、多层织物等复杂织物而设计的，同时还能织造一些新的织纹组织。该织机采用四梭投纬方式运行，开口运动采用一种特殊的提花机构完成，每根综线由微型伺服电动机单独控制。这样就可实现灵活的、可自由编程控制的开口，使织机可以同时形成几个梭口，让多个梭子同时投纬。目前已可做到三梭同时投纬，使织物产量达到三倍。该织机可以生产多至四种不同纬纱材料的多维织物结构，纬密和门幅可变，最大幅宽可达300mm。

图 6-24 纬向多梭口织机

思考题 ▶▶

（1）织物是如何进行分类的？成形原理有何不同？

（2）试说明形成机织物的五大运动是什么？它们是如何完成织物的织造过程的？

（3）机织物的三种基本组织是什么？它们各有何特点？

（4）试说明织机分为哪几种？各有何特点？

实训题 ▶▶

（1）试用显微镜分析测试机织物经向密度与纬向密度？

（2）考察面料市场，制定调研方案，了解目前供应市场的服装面料幅宽主要有哪几种？了解衬衫面料、裙料、裤料的市场价位及品牌情况？

（3）已知甲织物经密 625 根/10cm，纬密 396 根/10cm；乙织物经密 982 根/10cm，纬密 486 根/10cm；丙织物经密 468 根/10cm，纬密 256 根/10cm。试求在甲、乙、丙三种织物织造时，织入一根纬纱所需的经纱长度各为多少？

（4）已知某织物织轴经纱总根数为 5960 根，经轴的宽度为 160cm。现按分批整经的方式，若整经批次分别为 $n=5$、8、10 时，试计算：①整经筒子架上所需摆放的筒子数为多少个？②批次经轴上经纱根数、经纱排列密度与经轴合并后经纱排列密度各为多少？

（5）已知某织物织轴经纱总根数为 5960 根，经轴的宽度为 160cm。现按分条整经的方式，若条带数分别为 $n=5$、8、10 时，试计算：①整经筒子架上所需摆放的筒子数为多少个？②分条整经时每个条带上经纱根数、每个条带所占宽度及经纱排列密度各为多少？

（6）织物结构参数有哪些？如何计算织物的经向密度与纬向密度？

第七章

针织物及其成形原理

本章知识要点：

1.线圈与针织物的基本概念；

2.针织机的一般结构与分类；

3.针织机机号的概念及与加工纱线线密度的关系。

第一节　针织物的定义及分类

一、针织物的定义

针织是利用织针将纱线弯曲成圈，并使之相互串套而形成织物的一门工艺技术。按其编织方法的不同，可将这门工艺技术分为纬编和经编两大类。纬编是将筒装纱线由纬向喂入针织机的工作针上，使纱线顺序弯曲成圈并相互穿套而形成针织物的一种方法。用这种方法形成的针织物，称为纬编针织物，完成这一工艺过程的设备叫纬编针织机。经编是将一组或几组平行排列的纱线，由经向同时喂入针织机的所有工作针上，一起进行成圈而形成针织物的一种方法。用这种方法形成的针织物，称为经编针织物，完成这一工艺过程的设备叫经编针织机。

线圈是组成针织物的基本结构单元，几何形态呈三维弯曲的空间曲线，如图7-1所示。在图7-2所示的纬编线圈结构图中，线圈由圈干1—2—3—4—5和沉降弧5—6—7组成，圈干包括圈柱1—2，4—5和针编弧2—3—4。在经编针织物中，线圈由图7-3中的圈干1—2—3—4—5和延展线5—6组成。线圈的两根延展线在线圈的基部交叉和重叠的为

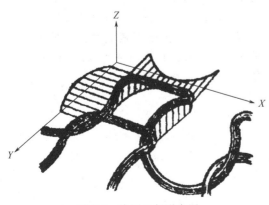

图 7-1　线圈几何形态图

闭口线圈，反之为开口线圈。凡线圈穿过上一线圈而到达的一面为它的正面，这时圈柱覆盖在上一线圈的圈弧之上，反之则为线圈的反面，即圈弧覆盖在圈柱之上。

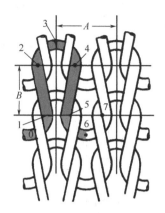

图 7-2　纬编线圈结构

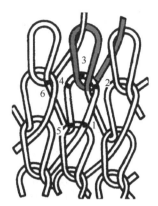

图 7-3　经编线圈结构

　　线圈在纵向相互串套，横向相互连接而成针织物。线圈在针织物中的相互配置和形态取决于针织物的组织和结构，并决定针织物的外观和性能。针织物中，线圈沿织物横向组成的一行称为线圈横列。

　　经编由一组或几组平行排列的经纱在一次成圈过程中，分别在织针上形成线圈，构成一个线圈横列。纬编则由一根或几根纱线在织针上顺序编织，构成一个线圈横列。针织物中线圈沿纵向相互串套而成的一列称为线圈纵行。一般每一纵行由一枚织针编织面成。在线圈横列方向上，两个相邻线圈对应点间的距离称圈距，一般用 A 表示。在线圈纵行方向上，两个相邻线圈对应点间的距离称圈高，一般用 B 表示。针织物根据编织时采用的针床数可分为单面和双面。单面针织物采用一个针床编织而成，特点是织物的一面全部为正面线圈，而另一面全部为反面线圈，使织物两面具有显著不同的外观。双面针织物采用两个针床编织而成，其特征为针织物的任何一面都显示正面线圈。

二、针织物的分类

　　针织物的组织一般可以分为基本组织、变化组织和花色组织三类。常见纬编组织的分类如图 7-4（a）所示。常见经编组织的分类如图 7-4（b）所示。

三、织针及其结构

　　织针是所有针织机上的主要成圈机件，其类型甚多，常用的有钩针、舌针、管针和槽针，后两种亦称复合针，如图 7-5 所示。

　　1. 钩针

　　钩针用圆形或扁圆形截面的钢丝做成，针槽和针尖之间称针口，它是纱线进入针钩的通道，在成圈过程中为了封闭针口，可借外力的作用将针尖压入针槽内，从而使旧线圈能套上针钩，以满足成圈的要求。当外力去除后，针钩因自身的弹性而恢复原有位置，使针口开启。钩针结构简单，制造方便，可制成比较细的截面，因而用它编织较紧密细薄的针织物（高针号机上），但钩针的关闭须有专门的压片来完成。因此，在采用钩针的针织机上，成圈机构比较复杂，而且由于针钩受反复的载荷也易引起疲劳，影响钩针的使用寿命。

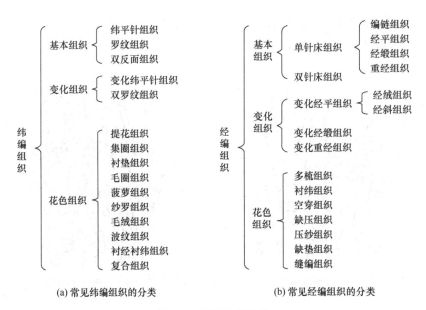

(a) 常见纬编组织的分类　　　　(b) 常见经编组织的分类

图 7-4　针织物的分类

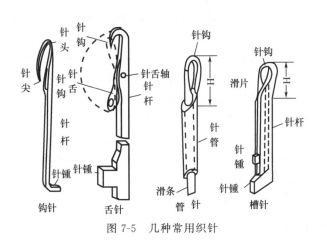

图 7-5　几种常用织针

2. 舌针

舌针用钢丝或钢片压制而成，针钩用于握住纱线使之弯曲成圈，针舌可以绕针舌销回转，以封闭针口，使旧线圈能从针上脱下，打开针口时，旧线圈能从针钩退到针杆上。针踵在成圈过程中受到三角机件的外力作用使针在针槽内上下移动。舌针在成圈过程中是依靠旧线圈的移动，使针舌回转以关闭针口，因此成圈过程较为简单，所用的成圈机件也较少，但是在成圈过程中，纱线不可避免地受到一定的意外张力，影响成圈结构的均匀，并且舌钩的结构复杂，制造较为困难，在成圈过程中舌针上下运动的动程与针舌的尺寸有关，减小针舌的尺寸可以减少舌针上下运动的动程（脱圈时，旧线圈须靠织针的上升使它从针舌上脱到针杆上），但是在舌针的尺寸过分减小后，由于针口关闭时针舌和针杆形成的夹角加大，就将增加线圈移向针舌时的阻力，另一方面，舌针的针舌长短与针织机的种类和它所生产的针织物花色要求有关，根据针舌长度可分为长舌针和短舌针。

3. 管针

管针为截面呈圆筒形的钢制针，它由针杆、针钩和滑杆组成，滑杆可以在针管内上下移动，以开关针口，针管在成圈过程中也可以上下移动。

4.槽针

槽针由针杆及滑杆组成，滑杆可以在针杆的槽内上下移动以开闭针口。

管针和槽针由于能在成圈过程中减小针的运动动程，有利于提高针织机的速度，而且这种针的针口封闭，不是由于旧线圈的作用，因而形成的线圈结构均匀，所以目前广泛用于高速经编机上，但复合针结构较为复杂，加工精度要求高。而且对针钩和针芯两种动作配合要求高。复合针中管针结构比槽针复杂，所以目前多用槽针。

除了以上介绍的几种织针外，还有一些其他织针，例如在双反面横机上使用的双头舌针等，以织制双反面织物。另一方面，由于织制不同的织物花色的需要，对舌针也采用不同的构造，如高低踵针等。

第二节　纬编织物的编织原理及其常用组织

纬编是将纱线由纬向喂入针织机的工作织针上，使纱线顺序地弯曲成圈并相互穿套而形成针织物的一种方法。经编是将一组或几组平行排列的纱线于经向喂入针织机的工作织针上，同时成圈并相互穿套而形成针织物的一种方法。

一、纬编成圈原理

（一）编结法

舌针进行编织的成圈过程如图 7-6 和图 7-7 所示，一般可分为八个阶段。退圈→垫纱→闭口→套圈→弯纱→脱圈→成圈→牵拉。

（1）退圈：舌针从低位置上升至最高点，旧线圈从针钩内移至针杆上，如图 7-7 中针 1～5。

（2）垫纱：舌针下降，从导纱器引出的新纱线 a 垫入针钩下，如图 7-7 中针 6～7。

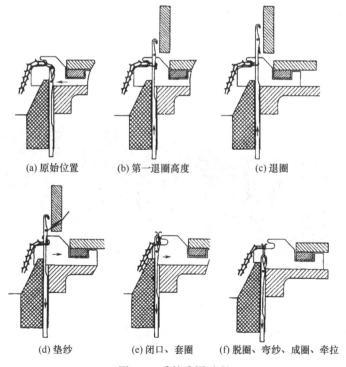

(a) 原始位置　　　(b) 第一退圈高度　　　(c) 退圈

(d) 垫纱　　　(e) 闭口、套圈　　　(f) 脱圈、弯纱、成圈、牵拉

图 7-6　舌针成圈过程

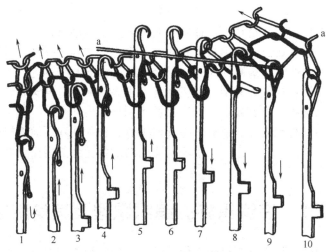

图 7-7　编结法成圈

（3）闭口：随着舌针的下降，针舌在旧线圈的作用下向上翻转关闭针口，如图 7-7 中针
8～9。这样旧线圈和即将形成的新线圈就分隔在针舌两侧，为新线圈穿过旧线圈作准备。

（4）套圈：舌针继续下降，旧线圈沿着针舌上移套在针舌外，如图 7-7 中针 9。

（5）弯纱：舌针的下降使针钩接触新纱线开始逐渐弯纱，并一直延续到线圈最终形成，
如图 7-7 中针 9～10。

（6）脱圈：舌针进一步下降使旧线圈从针头上脱下，套到正在进行弯纱的新线圈上，如
图 7-7 中针 10。

（7）成圈：舌针下降到最低位置形成一定大小的新线圈，如图 7-7 中针 10。

（8）牵拉：借助牵拉机构产生的牵拉力，将脱下的旧线圈和刚形成的新线圈拉向舌针背
后，脱离编织区，防止舌针再次上升时旧线圈回套到针头上。就针织成圈方法而言，按照上
述顺序进行成圈的过程称之为编结法成圈。

（二）针织法

钩针的成圈过程如图 7-8 所示，也可分为以下八个阶段。

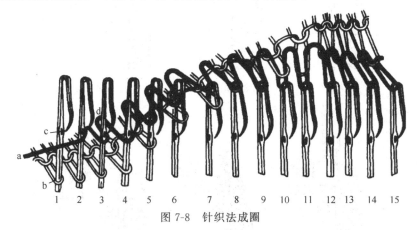

图 7-8　针织法成圈

（1）退圈：借助专用的机件，将旧线圈从针钩中向下移到针一定部位上，使旧线圈 b 同
针曹 c 之间具有足够的距离，以供垫放纱线用，如图 7-8 中针 1。

（2）垫纱：通过导纱器和针的相对运动，将纱线 a 垫放到旧线圈 b 与针槽 c 之间的针杆

上，如图 7-8 中针 1～2。

（3）弯纱：利用弯纱沉降片，把垫放到针杆上的纱线弯曲成一定大小的未封闭线圈 d，并将其带入针钩内，如图 7-8 中针 2～5。

（4）闭口：利用压板将针尖压入针槽，使针口封闭，以便旧线圈套上针钩，如图 7-8 中针 6。

（5）套圈：在针口封闭的情况下，由套圈沉降片将旧线圈上抬，迅速套到针钩上。而后针钩释压，针口即恢复开启状态，如图 7-8 中针 6～7。

（6）脱圈：受沉降片上抬的旧线圈从针头上脱落到未封闭的新线圈上，如图 7-8 中针 10～11。

（7）成圈：脱圈沉降片继续将旧线圈上抬，使旧线圈的针编弧与新线圈的沉降弧相接触，以形成一定大小的新线圈，如图 7-8 中针 12 所示。

（8）牵拉：借助牵拉机构产生的牵拉力，使新形成的线圈离开成圈区域，拉向针背，以免在下一成圈循环进行退圈时，发生旧线圈重套到针上的现象。

按照上述顺序进行成圈的过程称之为针织法成圈。通过比较可以看出，编结法和针织法成圈过程都可分为八个相同的阶段，但弯纱的先后有所不同。编结法成圈，弯纱是在套圈之后并伴随着脱圈而继续进行；而针织法成圈，弯纱是在垫纱之后进行。

二、纬编常用组织

纬平针组织是单面纬编针织物中的基本组织，见图 7-9 所示，广泛应用于生产内衣、袜品、毛衫以及一些服装的衬里等。它是由连续的单元线圈向一个方向串套而成。纬平组织由于线圈在配置上的定向性，因而在针织物的两面具有不同的几何形态，正面的每一线圈具有两根与线圈纵行配置成一定角度的圈柱，反面的每一线圈具有与线圈横列同向配置的圈弧。由于圈弧比圈柱对光线有较大的漫反射作用，因而针织物的反面较正面为阴暗。又由于在

(a) 正面　　　(b) 反面

图 7-9　纬平针组织

成圈过程中，新线圈是从旧线圈的反面穿向正面，因而纱线上的结头、棉结杂质容易被旧线圈所阻挡而停留在针织物的反面，所以正面一般较为光洁。纬平组织的针织物在纵向和横向拉伸时具有较好的延伸性。但也存在着脱散性和卷边性，有时还会产生线圈纵行的歪斜，一般是在单面纬编针织机上编织的。

罗纹组织是双面纬编针织物的基本组织，见图 7-10，它是由正面线圈纵行和反面线圈纵行以一定组合相间配置而成。罗纹组织的正反面线圈不在同一平面上，因而沉降弧须由前到后，再由后到前地把正反面线圈相连，造成沉降弧较大的弯曲与扭转。通常用数字代表其正反面线圈纵行数的组合，如 1+1、2+2 或 5+3 罗纹等。罗纹组织具有较大的弹性，并只能

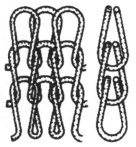
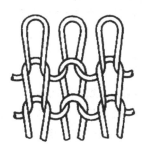

(a) 自由状态时的结构　　　　　　(b) 横向拉伸时的结构

图 7-10　罗纹组织

逆编织方向脱散。在正反面线圈纵行数相同的罗纹组织中，由于造成卷边的力彼此平衡，因而并不出现卷边现象。罗纹组织因具有较好的横向弹性与延伸度，故适宜制作内衣、毛衫、袜品等的紧身收口部段，如领口、袖口、裤脚管口、下摆、袜口等。且由于罗纹组织顺编织方向不能沿边缘横列脱散，所以上述收口部段可直接织成光边，无需再缝边或拷边。

双反面组织是由正面线圈横列和反面线圈横列相互交替配置而成，见图7-11。双反面组织由于弯曲纱线弹性力关系，使织物的两面都由线圈的圈弧突出在前，圈柱凹陷在里，因而在织物正反两面，看起来都像纬平针组织的反面。双反面组织在纵向拉伸时具有很大的弹性和延伸度，故具有纵横向延伸度相近的特点。在双反面组织基础上，可以编织很多带有不同花色效应的针织物。双反面组织只能在双反面机或具有双向移圈功能的双针床圆机和横机上编织。这些机器的编织机构较复杂，机号较低，生产效率也较低，所以该组织不如平针、罗纹和双罗纹组织应用广泛。双反面组织主要用于生产毛衫类产品。

双罗纹组织是由两个罗纹组织彼此复合而成，见图7-12。即在一个罗纹组织线圈纵行之间配置了另一个罗纹组织的线圈纵行，属于罗纹组织的一种变化组织。在双罗纹组织的线圈结构中，一个罗纹组织的反面线圈纵行为另一个罗纹组织的正面线圈纵行所遮盖，在织物两面都只能看到正面线圈，因此亦可称之为双正面组织。由于双罗纹组织是由相邻两个成圈系统形成一个线圈横列，因此在同一横列上的相邻线圈在纵向彼此相差约半个圈高。根据双罗纹组织的编织特点，采用不同色线，不同方法上机可得到多种花色效应。根据双罗纹组织的编织特点，采用色纱经适当的上机工艺，可以编织出彩横条、彩纵条、彩色小方格等花色双罗纹织物（俗称花色棉毛布）。另外，在上针盘或下针筒上某些针槽中不插针，可形成各种纵向凹凸条纹，俗称抽条棉毛布。是冬季棉毛衫裤的主要面料，也可用于生产休闲服、运动装和外套等。

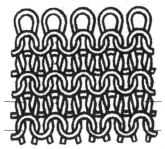　　　　　　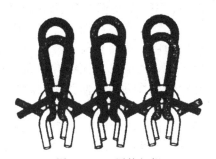

图7-11　双反面组织　　　　　　　　图7-12　双罗纹组织

第三节　经编织物的编织原理及其常用组织

经编是指一组或几组平行排列的纱线由经向同时喂入平行排列的工作织针，并同时进行成圈的工艺过程。经编编织示意图如图7-13所示。

一、经编成圈原理

在单针床钩针经编机上编织经编织物，其主要成圈机件有：钩件、沉降片、压板和导纱针；它们相互配合运动，完成经编成圈过程。它的成圈过程如图7-14所示。

（1）退圈。钩针从最低位置上升，使旧线圈由针钩滑到针杆上。沉降片移到最前位置，握持织物，以免织物与针一

图7-13　经编编织示意图

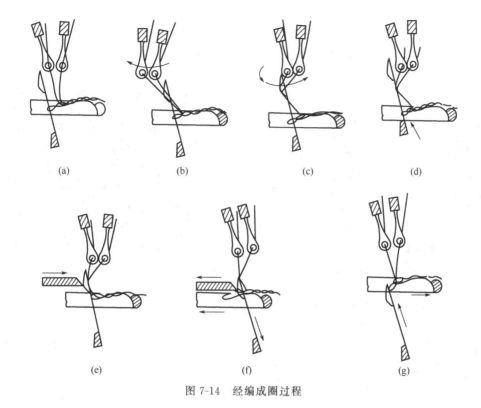

图 7-14 经编成圈过程

起上升。导纱针不摆动。如图 7-14（a）所示。

（2）导纱针向机后摆动到最后位置，如图 7-14（b）所示。然后向前回摆，摆出针平面，在针钩前作横向移动，即针前垫纱，如图 7-14（c）所示。纱线垫到针钩上后，针即上升，使纱线滑到针杆上，如图 7-14（d）所示。

（3）压针。针带着新纱线下降，压板向前摆动，关闭针口，使新纱线封闭在针钩内，旧线圈在针钩外，如图 7-14（e）所示。

（4）套圈、脱圈、弯纱、成圈。针继续下降，沉降片与压板后退，旧线圈从针头上脱下，新纱线弯曲形成线圈。如图 7-14（f）所示。

（5）牵拉。沉降片向机前运动，将刚脱下的线圈推离针运动线，以免针上升时回套到针上。如图 7-14（g）所示。除了沉降片的牵拉外，还有牵拉轮对织物的牵拉。

二、经编常用组织

编链组织是由一根纱线始终在同一枚织针上垫纱成圈所形成的线圈纵行，如图 7-15 所示。经编织物中如局部采用编链，由于相邻纵行间无横向联系而形成孔眼，因此该组织是形成孔眼的基本方法之一。以编链组织形成的织物为条带状，纵向延伸性小，其延伸性主要取决于纱线的弹性，可逆编织方向脱散。利用其脱散的特性，在编织花边织物时，编链组织可以作为花边间的分离纵行。

经平组织是由同一根纱线所形成的线圈轮流排列在相邻两个线圈纵行，它可以由闭口线圈、开口线圈或开口和闭口线圈相间组成，如图 7-16 所示。经平组织中的所有线圈都具有单向延展线，也就是说线圈的导入延展线和引出延展线都是处于该线圈的一侧。由于弯曲线段力图伸直，因此经平组织的线圈纵行呈曲折形排列在针织物中。经平组织在纵向或横向受

到拉伸时，由于线圈倾斜角的改变，以及线圈中纱线各部段的转移和纱线本身伸长，而具有一定的延伸性。经平结构的经编织物，在一个线圈断裂并受到横向拉伸时，则由断纱处开始，线圈沿纵行在逆编织方向相继脱散，而使坯布沿此纵行分成两片。

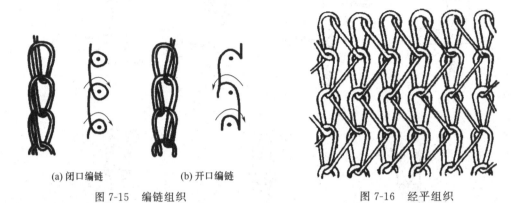

(a) 闭口编链　　　(b) 开口编链

图 7-15　编链组织　　　　　　　图 7-16　经平组织

经缎组织是一种由每根纱线顺序地在三枚或三枚以上相邻的织针上形成线圈的经编组织。每根纱线先沿一个方向顺序地在一定针数的针上成圈，后又反向顺序地在同样针数的针上成圈。经缎组织的卷边性及其他一些性能类似于纬平针组织。不同方向倾斜的线圈横列对光线反射不同，因而在针织物表面形成横向条纹。当有个别线圈断裂时，坯布在横向拉伸下，虽会沿纵行在逆编织方向脱散，但不会分成两片。如图 7-17 所示。

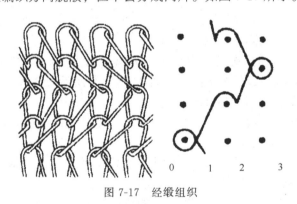

图 7-17　经缎组织

第四节　针织机的工作原理及其分类

一、针织机的工作原理

在针织生产中，为了编织出不同组织的针织物品种，所以采用的针织机种类很多，机器结构也很复杂，一般可以分为如下几个部分。

(1) 编织机构：这是将纱线形成线圈并穿套成针织坯布的机构，是针织机的心脏，一般由针筒（圆）或针床（横）、织针、沉降片、压片、导纱器等机件组成。

(2) 给纱装置（或经编的送经装置）：为了保证成圈的连续进行，在编织过程中必须将纱线及时引入成圈区域，且要求各根纱线张力保持一致，一般由筒子座、导纱装置、张力装置和输线装置等组成。或再加上测长装置，感应装置（断头自停）和传动装置（积极式送纱）等。

（3）牵引（卷取）机构：在成圈区域所形成的针织坯布必须及时引出并卷绕成一定形式的卷装，或贮藏在容器内，另外牵引产生的牵拉力使织针在成圈过程中方便脱圈，一般有幅撑、牵拉辊、卷取辊、重锤等组成。

（4）机架与传动机构：机架是整机的机座，传动机构使整机运转，其中包括开关装置、制动装置等。

（5）其他机构：包括形成花色效应的装置、成形装置、故障自停装置、清洁装置、自动加油装置等。

二、针织机的分类

在纬编针织生产中，为了编织不同组织的针织物或成形产品，所采用的针织机类型也各不相同，织针插在圆筒形针筒或针盘上的称圆机，织针插在平板形针床上的称横机。这些针织机都可按针床或针筒数，针床或针筒形式以及所用织针类型来分类。单面针织物一般是在单针床（或单针筒）针织机上生产，采用钩针作为成圈机件的单面机有台车、吊机、绒布圆机等，采用舌针的单面机有多三角机、毛圈机等。双面针织物则只能在双针床针织机（或双面圆机）上生产，它们一般为舌针机，如罗纹机、双罗纹机（棉毛机）、双反面机、提花圆机及横机等。此外，为了生产单件成形产品，还有专用的纬编针织机，如全成形自动横机、全成形平型钩针针织机、手套机和圆袜机等。常用纬编针织机如图7-18所示。

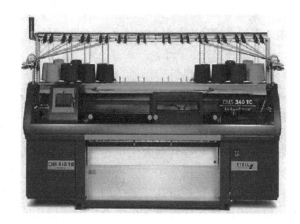

(a) 圆纬机　　　　　　　　　　　　　　　　(b) 电脑横机

图 7-18　纬编针织机

经编机按针床多少可分为单针床经编机和双针床经编机。按织针类型可分为钩针经编机、舌针经编机和复合针经编机。复合针经编机又可分为槽针和管针两种。按织物引出的方向可分为特利科型经编机和拉舍尔型经编机。一般在针织行业中，主要是以这种分类来区分经编机类型。特利科经编机与拉舍尔经编机在构造上的区别主要是：拉舍尔经编机握持织物采用梳齿状的栅状脱圈板；特利科经编机无栅状脱圈板，而由沉降片起栅状脱圈板及握持线圈的作用。

特利科经编机在编织时，织物牵拉方向相对于织针平面的夹角为110°左右。由于牵拉力几乎垂直于针平面，因此编织张力过大时，会使织针弯曲，特别是使用细钩针时，这种现象

比较明显。复合针刚度较好，因此能承受比较大的编织张力。但是垫入纱线时，如张力过大，会产生对已成圈的纱线回抽，这将使编织工作不能顺利进行。在拉舍尔经编机上织物牵拉方向相对于织针平面的夹角为160°左右。由于织物相对于织针大致呈平行状态，因此织针受到的弯矩比特利科经编机小得多。常用经编机外形如图7-19所示。

图 7-19　经编机

三、针织机的机号与加工纱线细度的关系

针织机的机号 E 反映针织机用针粗细、针距大小。机号是用针床上 25.4mm（1 英寸）长度内所具有的针数来表示。它与针距的关系如下：

$$E = \frac{25.4}{T}$$

式中　E——机号，针数/25.4mm；

　　　T——针距，mm。

由此可知，针织机的机号表明了针床上排针的稀密程度。机号愈高，针床上一定长度内的针数愈多，即针距越小；反之则针数愈少，即针距越大。在单独表示机号时，应由符号 E 和相应数字组成，如 18 机号应写作 $E18$，它表示针床上 25.4mm 内有 18 枚织针。

针织机的机号在一定程度上确定了其可以加工纱线的细度范围，具体还要看在针床口处织针针头与针槽壁或其他成圈机件之间的间隙大小。由此可见，针织机的机号说明了针床上织针的稀密程度。机号越高，织针越密，针距越小，织针越细，反之，则织针越粗。

由此可见，机号越高，则所用针越细，针与针之间的间距也越小，所能加工的纱线就越细，编织出的织物就越薄，机号低，所能使用的纱线就越粗，织物也就越厚，在各种不同机号的机器上，可以加工纱线的粗细是有一定的范围的。须注意：细针车加工粗的纱，成圈过程中纱线可能被成圈机件擦伤、轧断，如果结头结得不好就会造成破洞。如粗针车加工细的纱，如密度过紧（线圈长度过小），则退圈、脱圈会发生困难，易产生包头针，如正常成圈则织物太稀薄而失去服用性能。

第五节　针织物的物理性能指标及主要产品

一、针织物的物理机械性能

（一）线圈长度

线圈长度是指组成一只线圈的纱线长度，一般以毫米（mm）作为单位。线圈长度通常根据线圈在平面上的投影近似地进行计算而得；或用拆散的方法测得组成一只线圈的纱线实际长度。也可用仪器直接测量喂入每枚针上的纱线长度。

线圈长度不仅决定针织物的密度，而且对针织物的脱散性、延伸性、耐磨性、弹性、强力、抗起毛起球性和钩丝性等有重大影响，故为针织物的一项重要指标。目前生产中采用积极式给纱装置，以固定速度进行喂纱，控制针织物的线圈长度，使其保持恒定，以改善针织物的质量。

（二）密度

在一定纱线线密度条件下，针织物的稀密程度可以用密度来表示。横密是沿线圈横列方向，以 50mm 内的线圈纵行数来表示。纵密为沿线圈纵行方向，以 50mm 内的线圈横列数来表示。由于针织物在加工过程中容易受到拉伸而产生变形，因此原始状态对某些针织物而言不是固定不变的，这样就将影响实测密度的正确性，因而在测量针织物密度前，应该将试样进行松弛，使之达到平衡状态，这样测得的密度才具有实际可比性。横密、纵密和总密度可以按照下式计算：

$$P_A = \frac{50}{A}$$

$$P_B = \frac{50}{B}$$

$$P = P_A P_B$$

式中 P_A——针织物横密，纵行/5cm；

P_B——针织物纵密，横列/5cm；

A——圈距，mm；

B——圈高，mm；

P——总密度，线圈/25cm^2。

（三）未充满系数

未充满系数表示针织物在相同密度条件下，纱线线密度对其稀密程度影响的指标。未充满系数（δ）为线圈长度与纱线直径的比值。线圈长度愈长，纱线愈细，δ 值就愈大，表明织物中未被纱线充满的空间愈大，织物愈是稀松。

$$\delta = l/f$$

式中 δ——未充满系数；

l——线圈长度；

f——纱线直径，可通过理论计算求得。

（四）单位面积干燥重量

用每平方米干燥针织物的重量克数来表示。当已知针织物的线圈长度 l，纱线线密度 Tt，横向密度 P_A 和纵向密度 P_B 时，则针织物单位面积的重量 Q' 可用下式求得：

$$Q' = 0.0004 P_A P_B \times l \times Tt\ (1-y\%) \qquad (g/m^2)$$

式中 y——织物加工时的损耗。

如已知针织物的回潮率为 W，则单位面积的干燥重量 Q 为：$Q = Q'/(1+W)$

（五）厚度

针织物的厚度取决于它的组织结构、线圈长度和纱线线密度等因素，一般可用纱线直径的倍数来表示。

（六）脱散性

这是指当针织物纱线断裂或线圈失去串套联系后，线圈与线圈的分离现象，见图 7-20。当

纱线断裂后，线圈沿纵行从断裂纱线处脱散下来，就会使针织物的强力与外观受到影响。针织物的脱散性与其组织结构、纱线的摩擦系数和抗弯刚度及织物的未充满系数等因素有关。

（七）卷边性

针织物在自由状态下布边发生包卷的现象，见图7-21。这是由线圈中弯曲线段所具有的内应力，力图使线段伸直所引起的。卷边性与针织物的组织结构、纱线弹性、线密度、捻度和线圈长度等因素有关。

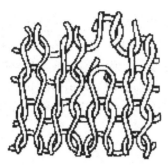

图 7-20　针织物的脱散性

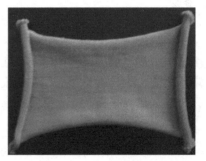

图 7-21　平针织物的卷边

（八）延伸性

延伸性是指针织物受到外力拉伸时的伸长特性，与针织物的组织结构、线圈长度、纱线线密度等有关。针织物的延伸度可分为单向延伸度和双向延伸度两类。

（九）弹性

弹性是指当引起针织物变形的外力去除后，针织物形状回复的能力。它取决于针织物的组织结构与未充满系数、纱线的弹性和摩擦系数。

（十）断裂强力和断裂伸长率

在连续增加的负荷作用下，至断裂时针织物所能承受的最大负荷称断裂强力。断裂时的伸长与原来长度之比，称断裂伸长率，用百分率表示。

（十一）缩率

缩率是指针织物在加工或使用过程中长度和宽度的变化。它可由下式求得：

$$Y = (H_1 - H_2)/H_1 \times 100\ \%$$

式中　Y——针织物缩率；

　　　H_1——针织物在加工或使用前的尺寸；

　　　H_2——针织物在加工或使用后的尺寸。

针织物缩率可为正值和负值，如在横向收缩而纵向伸长，则横向缩率为正，纵向缩率为负。针织物缩率可分为下机缩率、染整缩率、水洗缩率以及在给定时间内迟缓回复过程的缩率等。

（十二）钩丝与起毛起球

织物中的纤维或纱线被外界物体钩出表面形成丝环，称为钩丝。当织物在穿着、洗涤过程中，不断经受摩擦而使纤维端露出在表面，称之为起毛。若这些纤维端在以后的穿着中不能及时脱落而相互纠缠在一起揉成许多球状小粒，称之为起球。影响起毛起球的主要因素可归纳为：①使用的原料性质；②纱线与织物结构；③染整加工；④成品的服用条件。

二、针织物的主要产品及用途

由于经编和纬编的编织方式不同，因而它们的织物结构、形状和特性等方面有一些差异。纬编针织物手感柔软、弹性好、延伸性好，但易脱散、织物尺寸稳定性差。而经编针织物尺寸稳定性好、不易脱散，但延伸性小、弹力小、手感差。

（一）服用针织物

使用不同的原料、不同的机器制成内衣料、长毛绒外衣料、西服料、大衣料和各种成形产品，从薄如蝉翼的面料、透明的长筒丝袜、镂空花纹的花边以及仿真丝、仿天鹅绒、仿呢绒、人造毛皮织物，制成运动服、休闲服、便服、旅游服、内衣、羊毛衫、袜子、手套、围巾等。一些具有特殊功能，如抗寒、抗热、抗辐射的服装也在开发中。

（二）家用针织物

各种类型的经编机在装饰织物制造上有很大优势。从精美的提花窗帘、台布、床单、枕套、沙发巾、餐巾、天鹅绒床罩、坐垫套、汽车内部装饰物、华贵的毛毯、软体玩具、优雅的蚊帐、贴墙织物、贵重的地毯到廉价的擦布、包装布、盖布等都属针织工业生产的装饰织物，目前越来越丰富多彩的各种各样的针织品充盈着这一领域。

（三）产业用针织物

（1）建筑材料：在路基、跑道、堤坝、隧道等工程上用以排水、滤清、分离、加固等。

（2）各种网制品：体育、银幕、建筑用网、渔网、伪装网及庄稼水源防护网、各种袋类。

（3）各种工业用材料：滤布、防雨布、水龙布、输送带、通气管道、高透气性的运动鞋鞋面等。

（4）更进一步开发的新产品：如汽车、汽船的外壳可以用适当原料的纱线编织成布后进行特种树脂整理，从而制得不锈、不沉、不碎的最佳制品。

（5）医疗织物：人造血管、人造心脏瓣膜、器脏修补针织布片、绷带、护膝等。用特种弹性锦纶袜取代外科用的特种橡胶长袜可用来矫治静脉瘤。

思考题 ▶▶

（1）针织机的一般结构、分类和机号。

（2）针织物的主要用途有哪些？

（3）经编基本组织的几种结构与各自的特点和基本性能。

实训题 ▶▶

（1）市场调研针织生产厂家，织物种类，并叙述针织工艺的发展前景。

（2）试述针织物的结构特性和服用性能。

第八章

非织造布的概念、成型方法及应用

本章知识要点：

1. 了解非织造布的概念及加工过程；
2. 理解非织造布与传统纺织品的结构差异性；
3. 掌握非织造布主要生产工艺方法；
4. 了解非织造布的主要产品及其性能。

第一节　非织造布的概念及加工原理

一、非织造布的定义

非织造布也称非织造织物、无纺布或不织布，属产业用纺织品新材料领域。非织造布是通过物理或化学的方法对高分子聚合物、纤维集合体进行固结而形成的新型柔性材料。由于采用的原料、工艺和设备的多样性，非织造布可以是片状、块状和网状等形态，所以这里的"布"只是表明其属于一种新型纤维制品。

非织造布生产具有工艺流程短、产品原料来源广、成本低、产量高、产品品种多、应用范围广、技术含量高等优点，融合了纺织、造纸、塑料、化工、皮革等工业技术，充分利用了现代物理、化学等学科的有关知识和成果，是一门新型的交叉学科，也正因为上述特点，非织造布虽然在 20 世纪的 40 年代才开始商业化生产，但却以惊人的速度发展，并被喻为纺织工业中的"朝阳产业"。

二、非织造布的加工原理

非织造布种类很多，且不同的非织造工艺技术都具有其相应的工艺原理，但从广义角度讲，非织造技术的基本原理是一致的，可用其工艺过程来描述，一般可分为以下四个过程。

（一）纤维和原料的选择

纤维和原料的选择基于以下几个方面：成本、可加工性、设备类型和成品的最终性能要求。纤维是所有非织造布的基础，大多数天然纤维和化学纤维都可用于非织造布。

原料包括黏合剂和后整理化学助剂，黏合剂主要用于使纤网中的纤维间相互黏合以得到具有一定强度和完整结构的纤网。但是，一些黏合剂不仅可作为黏合用，很多情况下，它们同时可以作为后整理助剂，比如用于涂层整理、层合工艺等。

（二）成网

将单根纤维形成松散的纤维网结构称为成网，此时所成的纤网强度很低，纤网中纤维可以是短纤也可以是连续长丝，主要取决于成网的工艺方法。

（三）纤网加固

纤网形成后，通过相关的工艺方法对处于松散状态的纤维网加固称为纤网加固，它赋予纤网一定的物理机械性能和外观。

（四）后整理与成形

后整理在纤网加固后进行。后整理旨在改善产品的结构和手感，有时也为了改变产品的性能，如透气性、吸收性和防护性。后整理方法可以分为两大类：机械方法和化学方法。机械后处理包括起绒、轧光轧纹、收缩、打孔等。化学后整理包括染色、印花及功能整理等。非织造布加工的工艺路线见图8-1。

成形是指卫生巾、湿巾和购物袋等制品的制作，通常在整理后进行，在制品加工设备上完成。如湿巾的成形包括：非织造布退卷、分切、折叠、消毒、浸渍和包装。

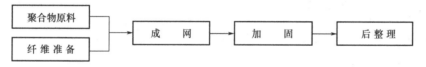

图8-1 非织造布基本加工路线

三、非织造布的分类

由于非织造布的多样性，其分类方法可以按照成网方式、纤网加固方式、使用强度或产品用途多种方法进行。一般基于成网方法和加固方法，其分类见图8-2。

（一）按成网方法分类

非织造布的成网技术大体上分为三大类，即干法成网、湿法成网和聚合物挤压成网法。

1.干法成网

干法成网一般是指通过机械成网或气流成网工艺使天然纤维或化学短纤维成网的工艺方法。

（1）机械成网：用锯齿开棉机和梳理机（如罗拉式梳理机、盖板式梳理机）梳理纤维，制成一定规格和面密度的薄网。这种纤网可以直接进入加固工序，也可经过平行铺叠或交叉折叠后再进入加固工序。

（2）气流成网：利用空气动力学原理，让纤维在一定的流场中运动，并以一定的方式均匀地沉积在连续运动的多孔帘带上，形成纤网。气流成网适合加工一些特殊纤维，如木浆纤维、麻类、玻璃纤维和金属纤维等，纤维长度范围3～100mm，纤网中纤维的取向很随机，因此纤网具有各向同性的特点。

机械成网或气流成网的纤维网经过化学、机械、溶剂或者热黏合等方法制得具有足够尺寸稳定性的非织造布。纤网面密度30～3000 g/m^2。

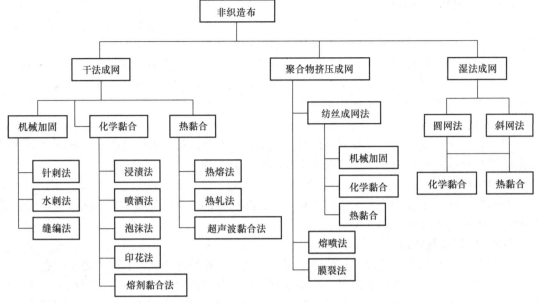

图 8-2 非织造布基于成网方法和加固方法的分类

2. 湿法成网

湿法成网利用造纸的原理和设备，即以水为介质，将天然或化学短纤维首先与化学物质和水混合得到均一的分散溶液，随后借助水流的作用在移动的凝网帘上沉积，待多余的水分被吸走后，仅剩下纤维随机分布形成的均匀纤网，纤网可按要求进行加固和后处理。湿法非织造布纤网面密度 $10 \sim 600$ g/m^2。

3. 聚合物挤压成网

聚合物挤压成网利用的是聚合物纺丝设备直接纺丝铺网，形成非织造布纤网的工艺方法。代表性的纺丝方法有熔融纺丝、干法纺丝和湿法纺丝成网工艺。

一般将高聚物的熔体或溶解液通过喷丝孔形成长丝或短纤维。这些长丝或短纤维在移动的传送带上铺放形成连续的纤网。纤网随后经过机械加固、化学加固或热黏合形成非织造布。该法主要包括纺黏法和熔喷法，纤网面密度 $10 \sim 1000$ g/m^2。

（二）按纤网加固方式分类

纤网的加固方法有机械加固、化学黏合和热黏合加固三大类。非织造布纤网加固方法的选择主要取决于材料的最终使用要求和纤维类型。一些产品也会使用两种或多种加固方式的组合，以获得理想的结构和性能

1. 机械加固法

通过机械针刺的方法使纤网中纤维相互交缠，进而加固非织造布纤网的工艺方法。该法包括针刺法、水刺法和缝编法。

2. 化学黏合

使黏合剂乳液在纤网内或纤维周围沉积，经烘干后将非织造布纤网固结的工艺方法。黏合剂施加方式通常经过喷洒、浸渍或印花附着在纤网表面或内部。

3. 热黏合

通过热辊或热空气使非织造布纤网中的热熔纤维受热熔融，在交叉点或轧点熔融后再冷却和固化，使非织造布纤网固结的工艺方法。热黏合工艺的温度、压力、时间等条件决定了纤网的手感和柔软性。该工艺方法可用于黏合干法成网、湿法成网或聚合物纺丝成网的纤网。

第二节　非织造布与传统纺织品的结构差异

不同于机织、针织、编织和簇绒等传统织物生产工艺，非织造布没有纱线成形的中间步骤，而是由纤维直接制成织物。非织造布与传统纺织品加工过程比较见图8-3。

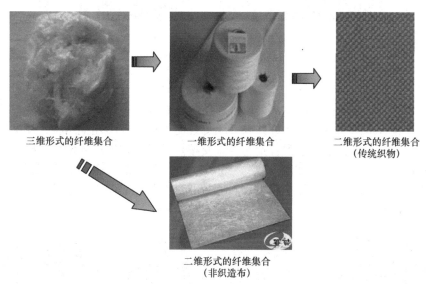

三维形式的纤维集合　　　　一维形式的纤维集合　　　　二维形式的纤维集合
　　　　　　　　　　　　　　　　　　　　　　　　　　　（传统织物）

二维形式的纤维集合
（非织造布）

图 8-3　非织造布与传统织物加工过程的比较

传统的织物成形首先需要将三维形式的纤维集合体进行开松、梳理制成条子，然后将条子进一步抽长拉细制成一维形式的纱线，最后将两组以上的纱线进行交织形成二维形式的织物。非织造布的成形采用了从纤维直接到片状材料的短流程工艺，它是将三维形式的纤维集合体进行开松、梳理后制成纤维网，再采用合适的方式将纤维网进行固结形成薄而柔软的二维形式的织物。

从织物制造过程中纤维形式的演变来看，非织造布的形成过程简洁而合理，其加工的工艺流程较短，生产效率高，成本较低。但由于材料中纤维取向较为复杂，排列紊乱松散，纤维间的黏结力、摩擦力或抱合力较低，导致非织造布的耐久性较传统织物要差一些。

一、传统纺织品结构特征

一是构成主体是纱线（或长丝）；二是由纱线交织或编织形成的规则的几何结构。

传统的机织物和针织物是以纱线或长丝为基本材料，经过交织或编织形成规则的几何结构，如图8-4所示。机织物中经纬纱互相交织并挤压，抵抗外力作用变形能力强，所以机织物的结构一般都比较稳定。针织物中，纱线形成圈状结构并相互连接，当受到外力作用时，组成线圈的纱线相互之间有一定程度的转移性，因此针织物一般具有良好的延伸性。

二、非织造布结构特征

非织造布与传统纺织品的差异很大，非织造工艺的基本要求是使纤维呈单纤维分布状态后形成纤维网，因而，可以归纳出非织造布的内部组成具有以下特征：①构成主体是纤维（呈单纤维状态）；②最终的织物是由纤维组成网络状结构；③必须通过化学、机械、热学等加固手段使该结构稳定和完整。

(a) 机织物

(b) 针织物

图 8-4　传统纺织品的结构特征

　　由于加工工艺方法的多样性，造成其结构有很大差异，并表现以下结构特点：①非织造布中纤维排列有的呈二维排列的单层薄网几何结构，有的呈三维排列的网络几何结构；②纤维之间的结合也有不同的方式，如纤维与纤维缠绕而形成的纤维网架结构；纤维与纤维之间在交接点相黏合的结构；由化学黏合剂将纤维交接点予以固定的纤维网架结构；③非织造布的外观也有布状、网状、毡状和纸状等。图 8-5 为非织造布的四种典型结构模型，其中：(a) 理想结构模型；(b) 点状结构模型；(c) 片状结构模型；(d) 团状结构模型。图 8-6 为两种典型非织造布的外观电镜图。

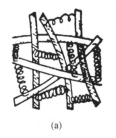
(a)

(b)

(c)

(d)

图 8-5　非织造布的结构模型

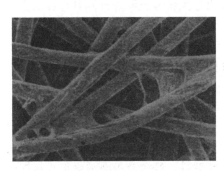

(a) 化学黏合法非织造布

(b) 水刺法非织造布

图 8-6　两种典型非织造布的外观电镜图

第三节　非织造布主要生产工艺方法

　　非织造布按成网方法可分为干法成网、湿法成网和聚合物挤压法成网三大类，且每种方法的工艺又可多变，各种加工方法之间还可以互相结合，组成新的生产工艺，而每一类中又根据加固方式的不同分化出多种不同的工艺和产品，以下将介绍几种典型的非织造布生产工艺和产品。

一、针刺法非织造布生产工艺

针刺法非织造布由于其与毡制品相似，有时称为机械毡制品或针刺毡制品。与毡制品（主要由羊毛制成）不同之处为针刺非织造布可以由任何一种短纤维制成。

非织造布针刺加固的基本原理是：用截面为三角形（或其他形状）且棱边带有钩刺的针，对蓬松的纤网进行反复针刺，刺针上的钩刺就带住纤网表面和里层的纤维随刺针穿过纤网层，使纤维在运动过程中相互缠结，同时由于摩擦力的作用和纤维的上下位移对纤网产生一定的挤压，使纤网受到压缩。当刺针刺入一定深度回升时，由于针刺的顺向使这些纤维又脱离刺针而近乎垂直地留在纤网内，使已压缩的纤网不会再恢复到原状。经过针刺后，纤网中纤维与纤维之间相互紧密地缠结而产生较大抱合力，最终制成具有一定厚度、一定强度的针刺法非织造布。针刺法非织造布加固原理见图8-7。

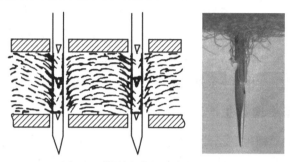

图 8-7 针刺法非织造布加固原理

针刺法非织造布的加工过程为，经铺叠成网后的纤维网由压网罗拉握持喂入针刺区。针刺区由挡网板、托网板和装有大量带有倒钩的刺针组成，托网板承受针刺过程中的针刺力，起托持纤网的作用；挡网板用于挡住回程运动的纤网，使刺针顺利地从纤网中退出，以便纤网做进给运动。在托网板和剥网板上均有与刺针位置相对应的孔眼，方便刺针通过（参见图8-8）。

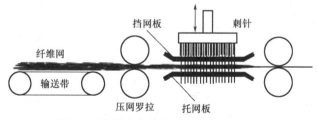

图 8-8 针刺法非织造布加工的工艺过程

针刺法非织造布生产方法工艺简单，成本低，生产效率高。由烯烃类纤维制成的室内/室外用的地毯为最普通的针刺织物。其他应用包括土工布、过滤材料、人造革基布、造纸毛毯等。

二、水刺法非织造布生产工艺

水刺工艺与针刺工艺原理相似，所不同的是将钢针改为极细的高压水流，利用高压射流冲击纤维网，纤维在水的作用下从表面被带入网底而相互缠结，同时托网帘对下射的水流形成不同方向的反射，纤维网同时受水流从正面直接冲击和从反面托网帘水的反弹穿插的双重作用，使纤维形成不同方向的无规则缠结，最终制成水刺法非织造布，图8-9所示为水刺加工原理和工艺过程。

水刺加工纤网中的纤维不受损伤，纤维之间属于柔性缠结。产品不容易起毛和掉毛，具有

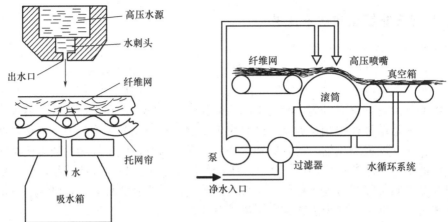

图 8-9　水刺加工原理和工艺过程

吸湿、柔软、外观与性能接近于传统纺织品，手感和悬垂性好等特点，且产品中无黏合剂、无环境污染，因而，广泛用在医疗卫生、用即弃产品、服装衬、化妆材料及电子擦布等。由于水刺加工技术的广泛适用性，近几年来发展非常迅速，已被移植到塑料、造纸等学科领域。

三、热黏合法非织造布生产工艺

利用高分子材料的热塑性，给纤维材料施加一定热量，使其部分软化熔融，冷却后纤网得到加固而成。热黏合法主要有热熔黏合和热轧黏合，前者是指在烘燥设备上利用热风穿透纤网，使其受热而得以黏合的方式，如图 8-10 所示。热轧黏合是将非织造布纤网被传送到热轧辊，在上下热辊作用下低熔点纤维熔融，使纤网内相互交叉的纤维形成点状固结，如图 8-11 所示。热处理的方式不同，制成品的性能和风格也各异，热轧黏合用于薄型和中厚型产品，面密度范围 $15\sim100g/m^2$；而热熔黏合适合生产薄型、厚型和蓬松型产品，面密度范围 $15\sim1000g/m^2$。

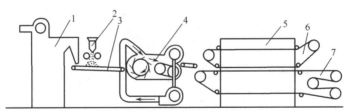

图 8-10　双帘网热风喷射式热熔黏合工艺
1—喂入；2—散粉装置；3—输网帘；4—气流成网；5—烘箱；6—上夹持网帘；7—下夹持网帘

热黏合法的产品有短纤热轧薄型非织造布、长丝非织造布、热熔棉（仿丝棉、无胶棉）、热熔垫材（硬质棉）等，广泛用于医疗卫生用品、包装用品、农用布、保暖材料、衬布、垫材等。

四、化学黏合法非织造布生产工艺

化学黏合法是用化学黏合剂使纤网中纤维互相黏合而形成非织造布的方法，是最早出现的非织造布生产方法。根据黏合工艺的不同，分为浸渍法、喷洒法、泡沫法和印花法等。

（一）黏合剂喷洒黏合法

非织造布纤网被传送带送入黏合剂喷嘴下，黏合剂被均匀喷洒在纤网上，然后被送入烘箱中烘燥，使纤网内相互交叉的纤维形成片状固结或团状固结。非织造布黏合剂喷洒黏合工艺如图 8-12 所示。

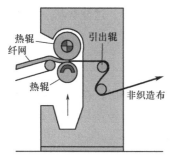

图 8-11 非织造布热轧黏合工艺

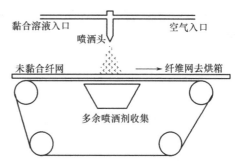

图 8-12 非织造布黏合剂喷洒黏合工艺

（二）黏合剂浸渍黏合法

分成饱和浸渍和泡沫浸渍两种方法，前者是指纤维网被送入含黏合剂的浸渍槽中穿过后，通过轧辊或吸液装置除去纤维中多余的黏合剂，最后经烘干产生热固化而制成；后者是利用发泡剂和发泡装置使黏合剂浓溶液成为泡沫状态，并涂覆于纤网上，待泡沫破裂释放出黏合剂，经烘干后黏合剂在纤维交叉点沉积，最终的黏合纤网呈多孔结构。与饱和浸渍法相比，泡沫浸渍非织造布的结构更加蓬松、弹性好，纤网含水量小，烘燥时耗能低。非织造布饱和浸渍和泡沫浸渍黏合法工艺分别如图 8-13 和图 8-14 所示。

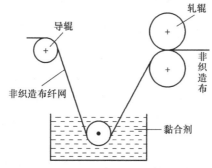

图 8-13 非织造布饱和浸渍黏合工艺

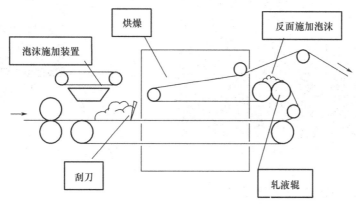

图 8-14 非织造布泡沫浸渍黏合工艺

化学黏合法具有工艺流程短、设备简单、易操作等特点。在喷洒法中，黏合剂大多停留在材料的表面，因此喷洒法制得的非织造布蓬松度较好。在浸渍法中，黏合剂均匀分布在纤网表面和内部，使纤维彼此之间黏合牢固，可制得硬挺手感的非织造布。在印花法中，未印花区域纤网中没有黏合剂，因而制得的非织造布具有柔软、蓬松和通透性好的特点，产品可

广泛地用做即弃型卫生材料、黏合衬基布、擦布、防水材料基布、过滤材料、保暖絮片和装饰织物等。

五、纺黏法非织造布生产工艺

纺黏法非织造布是将高分子聚合物加热熔融，经喷丝孔中挤出，在空气中熔体细流冷却并受拉伸细化而凝固成长丝，再通过热黏合、机械缠结、黏合剂黏合加固或是通过侵蚀纤维表面使其黏合。这种非织造布的产量在各种非织造布中排名第二。图8-15所示为生产纺黏法非织造布的工艺过程。

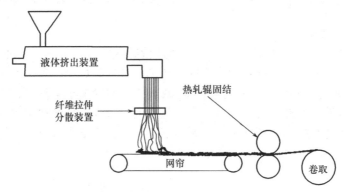

图8-15 纺黏法非织造布的工艺过程

纺黏法非织造布的重量、柔软度和悬垂性可在很大的范围内变化，其用途广泛，包括土工合成材料、油毡基材、医疗用品、过滤材料、尿裤和卫生巾等一次性卫生用品的面层、农作物覆盖材料及包装材料等。通常纺黏法非织造布拥有其纤维所有的物理和化学性能，具有非常好的重量比强度和抗穿刺性。图8-16所示为纺黏法非织造布的外观形态，图8-17为纺黏法非织造布的应用。

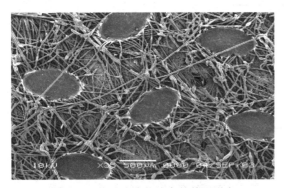

图8-16 纺黏法非织造布的外观形态

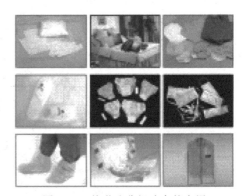

图8-17 纺黏法非织造布的应用

六、熔喷法非织造布生产工艺

熔喷法非织造布的制造过程和纺黏法非织造布的纤维挤压很相似（聚合物挤压纺丝法）。熔喷法非织造布通过喷丝板后，熔融的聚合物被高温热空气高速喷吹，使长丝受到极度拉伸形成极细的短纤维，并凝聚到多孔滚筒或帘网上。因为纤维聚集时处于黏着状态，结果就形成了有附着力的网状结构。熔喷法非织造布是最早使用的超细纤维，也是至今为止达到工业化生产规模且直接纺得的最细的超细纤维。其潜在的缺点包括纤维强力低和耐磨牢度差。这种材料的最终用途包括过滤材料、电池隔膜、绝缘材料、吸油材料等。图 8-18 所示为生产熔喷法非织造布的工艺过程，图 8-18 为过滤器用熔喷滤芯，图 8-19 为熔喷法非织造布用作吸油材料，图 8-20 所示为一次性使用帽子和吸尘器除尘袋，图 8-21 所示为熔喷法非织造布制备的超级保暖材料。

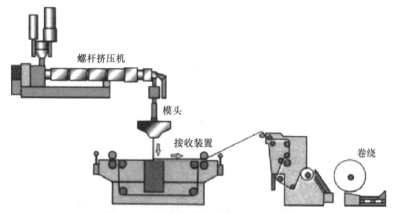

图 8-18　熔喷法非织造布的工艺过程

图 8-19　过滤器用熔喷滤芯

图 8-20　熔喷法非织造布吸油材料

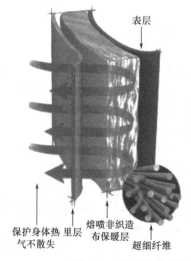

图 8-21　熔喷法非织造布制备的超级保暖材料

七、SMS复合非织造布生产工艺

非织造布的复合技术是将两种或两种以上性能不同的非织造布经过复合加工，制成具有多功能、高强度和适应性强的多层非织造布的加工技术。图8-22为SMS复合非织造布生产工艺流程示意图，图8-23为拒水透气的SMS复合非织造布。

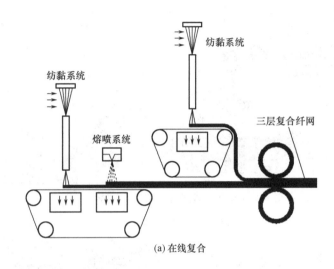

(a) 在线复合

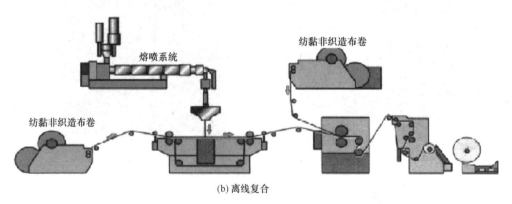

(b) 离线复合

图 8-22　SMS复合非织造布生产工艺流程示意图

SMS复合非织造布由二层纺黏和一层熔喷非织造布复合而成，其缩写取自纺黏（Spunbond）和熔喷（Meltblown）的英文字头。纺黏法非织造布中的纤维呈连续长丝结构，线密度范围大，具有良好的力学性能，但孔隙尺寸较大，成网均匀度和表面覆盖性不好，抗渗透性较差。熔喷法非织造布具有超细纤维的纤网结构，纤维直径细，比表面积大，纤网孔隙率小，过滤和屏蔽性能极好，但由于其特殊工艺条件的限制，其抗拉强度低，耐磨性较差。

由此，熔喷和纺黏工艺技术的组合产生了SMS复合材料，将二者各自的缺点进行弥补。SMS复合非织造布主要用于手术衣材料和手术室帷幕材料，中间的熔喷法非织造布可有效地阻隔血液、体液、酒精及细菌的穿透，同时超细纤维的结构又可保证汗液蒸汽顺利透过，而处于面层的聚丙烯纺黏法非织造材料具有较高的强度和耐磨性，并且其长丝结构保证无纤维绒头产生，有利于外科手术要求的洁净环境。目前，以聚丙烯为原料的SMS获得了广泛

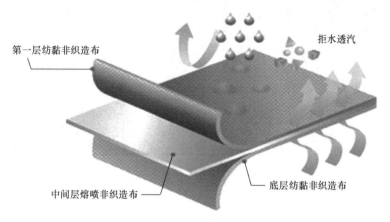

第一层纺黏非织造布

拒水透汽

中间层熔喷非织造布

底层纺黏非织造布

图 8-23　拒水透气的 SMS 复合非织造布

的市场认可，应用市场也在逐步扩大，除了 SMS 三层复合品种外，还有 SM、SMMS、SMXS 等多个产品，具体需要的产品应根据最终用途选定。

八、湿法非织造布生产工艺

湿法成网是采用改良的造纸技术，将水、纤维或可能添加的化学助剂在专门的成形器中脱水而制成纤维网，再经物理或化学处理和加工后而制成。湿法成网所用纤维可以是天然纤维或化学纤维，长度范围为 2～10mm，最长纤维可达 20mm，还可以混用造纸用浆粕，作为纤维网加固的辅助黏合手段。水流状态下形成的纤网，纤维呈三维分布，杂乱排列效果好，纤网不但具有各向同性的优点，而且均匀度优于干法成网和纺丝成网。

湿法非织造布用纤维比纸的纤维长很多（纸张用的纤维长度 1～3mm），且靠黏合剂黏合加固和加强，不像造纸过程要加大量填料，因而湿法非织造布在强度、柔软度、悬垂性等方面要比纸好。湿法非织造布多布感，性能较接近纺织品。产品应用于医疗行业一次性手术服、床单、口罩等，各种内燃机的空气、燃油和机油过滤，水溶性绣花底布及茶叶、咖啡过滤等。图 8-24 为湿法非织造布的工艺过程，图 8-25 为电解电容器湿法非织造布和吸尘器除尘袋。

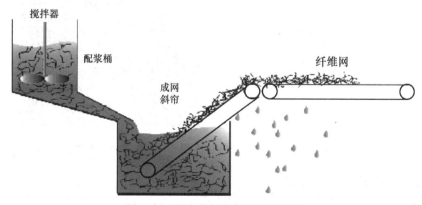

搅拌器

配浆桶

纤维网

成网
斜帘

图 8-24　湿法非织造布的工艺过程

图 8-25　电解电容器湿法非织造布和吸尘器除尘袋

第四节　非织造布及其应用

非织造布使用的纤维原料除纺织工业所使用的原料都能使用外，纺织工业不能使用的各种下脚原料、没有纺织价值的原料、各种再生纤维都能使用。一些在纺织设备上难以加工的无机纤维、金属纤维（如玻璃纤维、碳纤维、石墨纤维、不锈钢纤维等）也可通过非织造方法加工成工业用产品。此外，一些新型高性能、功能型纤维（如耐高温纤维、超细纤维、抗菌纤维、高吸水纤维、极短的纤维素纤维、纸浆等）都可用于非织造布工业。

另外，除加工方法的多样性，非织造布的后整理工艺变化更多，如印花、染色、涂层、轧花等。不同性质的涂料，会赋予非织造布不同的性能，即产生一种新的产品。除此之外，非织造布还可以和其他织物复合叠层，产生各种各样的新产品。因此，非织造布具有广泛的应用领域。

1.医疗卫生、美容类非织造布

主要应用包括手术衣、帽、口罩、纱布、绷带、棉球、包扎布、胶带、病员床单、枕套；妇女卫生巾、护垫、纸尿裤、失禁尿垫、面膜、化妆和卸妆、烫发用材料等。图 8-26和图 8-27 所示分别为婴儿尿裤、医院手术衣和手术床单。

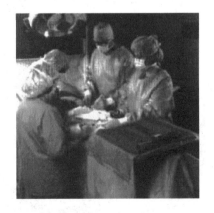

图 8-26　婴儿纸尿裤　　　　　　图 8-27　医院手术衣和手术床单

2.服装、制鞋与办公类非织造布

主要应用包括衬布、垫肩、防护服、保暖絮片、鞋材、合成革基布、书籍封面、高级眼镜擦布、标签、软磁盘衬等。图 8-28 所示为制鞋与服装保暖材料。

图 8-28　制鞋与服装保暖材料

3. 家用非织造布

如地毯、贴墙布、购物袋、沙发内包布、床罩、床单、窗帘、各式揩布、湿巾、茶叶袋等。图 8-29 所示为家用非织造布。

图 8-29　家用非织造布

4. 工业用布类非织造布

如电池隔膜、过滤材料、抛光布、电器绝缘布、车门内衬、隔音毡、隔热垫、各种工业揩布等。图 8-30 所示为过滤材料与电池隔膜。

图 8-30　过滤材料与电池隔膜

5. 土木工程、建筑类非织造布

如加固、加筋、过滤、分离、排水用土工布、屋面防水材料、球场人造草坪等。图 8-31 所示为非织造土工合成材料。

图 8-31　非织造土工合成材料

思考题 ▶▶

(1) 简述非织造布的概念及其加工工艺过程。

(2) 按照成网或加固方法如何将非织造布进行分类？

(3) 简述非织造布与传统纺织品的结构差异。

(4) 试列出非织造布的主要应用领域。

(5) 简述非织造布的特点。

实训题 ▶▶

(1) 用显微镜观察、比较非织造布与牛仔布内部纤维排列、取向结构，并归纳出其特点。

(2) 市场调查，有哪些生活日用品使用了非织造布？

第九章

纺织品的染整加工

纺织品的染整加工是借助各种机械设备，通过化学或物理化学的方法，对纺织品进行处理的过程。本色纱线经机织或针织加工后形成的织物称为坯布或原布，还不具备实用价值，需要经过染整加工进一步加工成漂布、色布或印花布，赋予织物一定的外观、手感及功能等使用性能，才能作为制作服装、家纺等最终用途纺织品的材料。织物的染整加工包括坯布的前处理、染色、印花及后整理等工序。

前处理是采用化学方法去除织物上的各种杂质，改善织物的服用性能，并为染色、印花和整理等后续加工提供合格的半制品；染色是染料与纤维发生物理的或化学的结合，使纺织品获得均匀、坚牢的色泽；印花是用染料或颜料在纺织品上获得花纹图案；整理是根据纤维的特性，通过化学或物理化学的作用，改进纺织品的外观和形态稳定性，提高纺织品的服用性能或赋予纺织品阻燃、拒水拒油、抗静电等特殊功能。

第一节　纺织品染整的前处理

坯布上常含有相当数量的杂质，包括天然纤维原料的伴生物及杂质、化纤上的油剂、机织物织造时经纱所上的浆料以及在纺织过程中沾附的油污等。这些杂质污物如不除去，不但影响织物色泽、手感，而且影响织物吸湿性能，使织物上色不均匀，色泽不鲜艳，同时还影响染色牢度。

前处理的目的就是在使坯布受损很小的条件下，除去织物上的各类杂质，使坯织物成为洁白、柔软并有良好润湿性能的印染半制品。前处理是印染加工的准备工序，也称为练漂。下面以棉机织物为例介绍织物的前处理过程。

棉机织物前处理须经烧毛、退浆、煮炼、漂白、丝光等工序。在棉织物加工中，烧毛与

丝光必须以平幅（伸展、张紧）状态进行，其他过程用平幅或绳状（松弛、宽度方向收拢）均可，但厚织物及涤棉混纺织物仍以平幅加工为宜，以免生成折皱，影响染色加工。

一、坯布准备

坯布准备包括坯布检验、翻布（分批、分箱、打印）、缝头。坯布准备工作在原布间进行，经分箱缝头后的坯布送往烧毛间。

坯布检验的内容为物理指标和外观疵点，物理指标如匹长、幅宽、重量、经纬纱密度和强度等；外观疵点如缺经、断纬、斑渍、油污、破损等。经检验查出的疵点可修整者应及时处理。严重的外观疵点除影响印染产品质量外，还可能引起生产事故，如织入的铜、铁等坚硬物质可能损坏染整设备的轧辊，并轧破织物，产生连续性破洞。

翻布是将织厂送来的布包（或散布）拆开，人工将每匹布翻平摆在堆布板上，把每匹布的两端拉出以便缝头。翻布的同时进行分批、分箱，将加工工艺相同、规格相同的坯布划为一类，每批数量根据设备加工方式而定。每箱布上附一张分箱卡片，标明批号、箱号、原布品种、日期等，以便管理检查。每箱布的两头打上印章，印章上标明品种、工艺、类别、批号、箱号、日期、翻布者代号，以便识别和管理。

下机机织物长度一般为30～120m，不能适应印染厂连续加工，因此必须将每箱布内各布头用缝纫机依次缝接成为一长匹，箱与箱之间的布头连接都在机台前缝接，缝接时布边针脚应适当加密，以改善染整时卷边现象。如图9-1所示为坯布检验与缝头车间。

图9-1　坯布检验与缝头

二、烧毛

布面上绒毛（毛羽）影响织物表面光洁，且易沾染尘污，合成纤维织物上的绒毛在使用过程中还会团积成球。绒毛又易从布面上脱落、积聚，给印染加工带来不利因素，如产生染色、印花疵病和堵塞管道等。因此，在棉织物前处理加工时必须首先除去绒毛，现一般均采用烧除的方法。

烧毛方法一般采用燃气烧毛。如图9-2所示为气体烧毛机的结构。烧毛时，织物引入进布架，然后经过刷毛箱，箱内装有4～8根鬃毛或尼龙毛刷辊，毛刷辊旋转方向和织物进行方向相反，用毛刷刷去附着在布面的纱粒、杂物和灰尘，并使布面绒毛竖直以便烧毛，然后在火口烧灼。织物经烧毛后布面温度升高，甚至带有火星，因此必须及时扑灭火星，降低织物温度，以免影响织物质量或造成破洞，甚至酿成火灾。灭火装置根据落布方式而定，湿布

(a) 外形

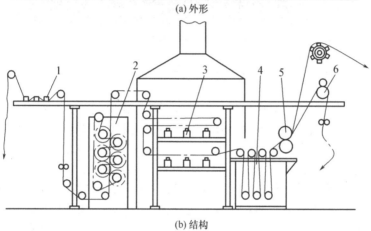

(b) 结构

图 9-2　气体烧毛机
1—进布装置；2—刷毛箱；3—烧毛火口；4—平洗槽；5—轧辊；6—出布装置

降温装置为 1～2 格平洗槽，槽内装有热水或退浆用的碱液或酶液，烧毛后的织物通过平洗槽灭火。干落布时则向布面喷雾、湿蒸汽，或绕经冷流水辊筒灭火。

三、退浆

坯布上浆料对印染加工不利，因为浆料的存在会沾污染整工作液，耗费染化料，甚至会阻碍染化料与纤维的接触，影响印染产品的质量。因此，织物在染整加工之初便必须经过退浆处理，尽可能地除去坯布上浆料。退浆是在退浆剂及一定作用条件下进行退浆。不同的退浆剂退浆工艺也不同，在浸轧退浆剂后，经过一段时间的反应，充分水洗即可除去绝大部分浆料。退浆机外形如图 9-3 所示。

棉织物可采用的退浆方法包括：

1. 酶退浆

适用于淀粉浆退浆。淀粉酶使淀粉降解，淀粉大分子间键迅速断裂，黏度降低，进一步水解为水溶性较大的糊精及低聚糖类，从而容易在水洗时洗除。

2. 碱退浆

热的稀烧碱溶液可以使各类浆料发生溶胀，并能增加一些浆料的溶解性，使浆料与纤维的黏着变松，在机械作用下较易洗除大部分浆料。虽然退浆效果较差，但适用于各类浆料，

图 9-3　退浆机外形

还能去除其他杂质和部分棉籽壳，且可降低成本。

3.碱酸退浆

碱退浆后经过水洗，再浸轧硫酸液，然后堆置约一定时间，充分水洗净。此法用于含杂质较多的低级棉布及紧密织物如府绸等棉织物。碱酸退浆对去除棉纤维杂质及矿物质效果较好，并能提高半制品白度及吸水性。

4.氧化剂退浆

强氧化剂如过酸盐、过氧化氢、亚溴酸钠等，对各种浆料都有使浆料大分子断裂降解的作用，从而容易从织物上洗除。氧化剂退浆速度快，效率高，质地均匀，还有一定的漂白作用。但是强氧化剂对纤维素也有氧化作用，因此在工艺条件上应加以控制，使纤维强力尽可能保持。氧化剂退浆主要用于 PVA 及其混合浆的退浆。

四、煮炼

煮炼是棉及棉型织物前处理工艺中主要工序，因为棉纤维伴生物、棉籽壳及退浆后残余浆料都必须通过煮炼除去，使织物获得良好的润湿性及外观，以利后加工顺利进行。

烧碱是棉及棉型织物煮炼的主要用剂，在较长时间热作用下，可与织物上各类杂质作用而去除。煮炼所用的设备有绳状汽蒸连续煮炼机、履带式汽蒸煮炼机等。

绳状汽蒸连续煮炼机是一组联合机，由多台绳状轧洗机、绳状汽蒸容布器等组成。绳状汽蒸容布器如图 9-4 所示，又称为汽蒸伞柄箱或 J 形箱，是联合机的主要机台。织物在容布器前的管形加热器中用饱和蒸汽喷射加热，加热后织物温度迅速提高，并带有饱和蒸汽进入容布箱体进行汽蒸堆置。绳状连续汽蒸煮炼工艺流程如下：轧碱→汽蒸→轧碱→汽蒸→水洗。绳状汽蒸煮炼的优点是能够连续生产，生产周期短，生产率高，劳动强度低，用汽量较省，适用于中薄棉织物。因为是绳状加工，对厚重织物不适用，而且整机占地面积较大。

平板履带式汽蒸煮炼机由浸轧槽、履带式汽蒸箱及平洗槽等组成，如图 9-5 所示。织物浸轧煮炼液后进入汽蒸箱，先在上下导辊间运行，受饱和蒸汽汽蒸，使织物温度升高，最后由履带运到出布口处，由山布辊牵引出蒸箱，完成煮炼。平板式履带由多孔或多缝的不锈钢长条形薄板连成履带，围绕在箱底的一排辊筒上，辊筒缓缓转动，带动履带低速向前移动，堆在履带上的织物也随之向前移动。此机对于厚薄织物都适用，是目前棉印染厂中较为广泛

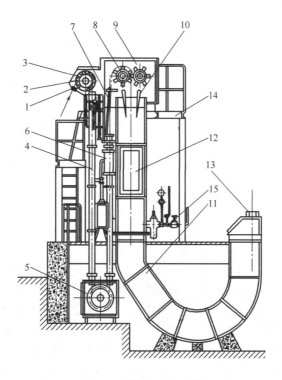

图 9-4 绳状汽蒸容布器

1—导布圈；2—进口封闭箱；3—主导轮；4—加热管；5—槽轮箱；6—加热器；7—往复摆动杆；8—六角车；9—墙板；10—摆布板；11—箱体；12—观察窗；13—出布装置；14—操作台；15—蒸汽管道系统

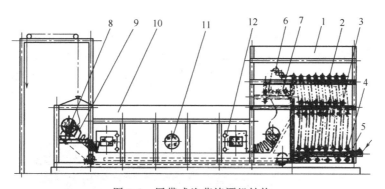

图 9-5 履带式汽蒸炼漂机结构

1—预热箱；2—上排主动辊；3—中间被动腰辊；4—下排被动辊；5—直接蒸汽管；6—主动牵引辊；7—打手；8—主动链轮；9—履带；10—汽蒸箱；11—观察窗；12—操作门

使用的一种煮炼设备。履带式导辊则由多支主动的不锈钢导辊排列而成，导辊装在汽蒸箱两侧墙板上，不能位移，而由各导辊的缓缓转动使堆在辊面上的织物向前缓缓运行，此机适用于轻薄织物。平幅汽蒸连续煮炼机工艺流程如下：轧碱→（湿蒸）→堆置履带上汽蒸→水洗。

五、漂白

经过煮炼，织物上大部分天然及人为杂质已经除去，毛细管效应显著提高，已能满足一些品种的加工要求。但对漂白织物及色泽鲜艳的浅色花布、色布类，还需要提高白度，因此需进一步除去织物上的色素，使织物更加洁白。织物虽经过煮炼，尤其是常压汽蒸煮炼，仍

有部分杂质如棉籽壳未能全除去，通过漂白剂的作用，这些杂质可以完全去掉。

棉织物漂白广泛使用次氯酸钠、过氧化氢等氧化性漂白剂。对棉及棉型织物漂白，过酸类化合物如过硼酸钠、过醋酸、过碳酸钠等也偶有应用，亚氯酸钠多用于合成纤维及其混纺织物的漂白。通常将次氯酸钠漂白简称为氯漂，过氧化氢漂白简称为氧漂，亚氯酸钠漂白简称为亚漂。

次氯酸钠漂白方式主要是连续轧漂。连续轧漂是在绳状连续炼漂联合机上浸轧漂液，在堆布箱中堆置后经水洗、轧酸堆置、洗净堆在堆布池中，等待开幅、轧水、烘干。棉织物次氯酸钠绳状连续轧漂工艺流程如下：轧漂液→堆置（→轧漂液→堆置）→水洗→轧酸液→堆置→水洗。氯漂机外形如图 9-6 所示。

图 9-6　氯漂机外形

过氧化氢漂白方式比较灵活，既可连续化生产，也可在间歇设备上生产，可用汽蒸法漂白，也可用冷漂；可用绳状，也可用平幅。目前印染厂使用较多的是平幅汽蒸漂白法，此法连续化程度、自动化程度、生产效率都较高，工艺流程简单，且不产生环境污染。平幅汽蒸氧漂机的外形如图 9-7 所示。

图 9-7　平幅汽蒸氧漂机外形

过氧化氢漂白工艺流程如下：轧过氧化氢漂液→汽蒸→水洗→出布。

除了汽蒸漂白法广为应用外，过氧化氢漂白方法尚有氯—氧双漂法和冷轧堆法。氯—氧双漂法即先氯漂后氧漂，氧漂兼有脱氯与漂白作用，可以降低漂液中过氧化氢浓度，其工艺流程为：轧次氯酸钠漂白液→堆置→水洗→轧过氧化氢漂液→汽蒸→水洗。为适应多品种、小批量、多变化要求，尤其是小型印染厂，在缺乏氧漂设备时可使用冷漂法。此法漂液中过氧化氢浓度较高，并加进过硫酸盐，织物轧漂液后，立即打卷用塑料膜包覆，以防蒸发干燥，然后在室温时堆置。此法虽然时间长，生产效率低，但比较灵活。

亚漂常用工艺与氧漂类似，可以用平幅连续轧蒸法，也可以根据设备情况采用冷漂工艺。亚漂连续轧蒸法工艺流程如下：轧漂液→汽蒸→水洗→去氯→水洗。

六、开幅、轧水、烘燥

织物练漂后，平幅织物在轧烘机上烘燥，提供给后续工序如丝光、染色、印花使用。对绳状加工的织物还需开幅，展开成平幅状，经轧烘后成为合适的半制品。

当前国内外前处理工艺朝高效、高速、短流程方向发展。我国目前多将退、煮、漂三步法改为退煮一浴或煮漂一浴二步法。也有使用高效助剂将退、煮、漂合并为一浴一步法，大大缩短了工艺流程，减少了单元机台数，少占厂房面积，还可以节约能源，提高了劳动生产效率，从而降低了前处理成本。

(a) 布铗丝光机外形

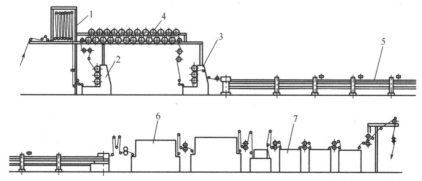

(b) 布铗丝光机结构

图 9-8　高速布铗丝光机

1—透风装置；2、3—烧碱溶液平幅浸轧机；4—绷布辊；5—布铗链拉幅淋吸去碱装置；6—去碱蒸箱；7—平洗机

七、丝光

棉纤维用浓烧碱溶液浸透后，棉纤维发生不可逆的剧烈溶胀，纤维横断面由扁平腰子形转变为圆形，胞腔也发生收缩，纵向的天然扭曲消失，长度缩短（但幅度不大）。如果在对

纤维施加张力时浸浓碱，不使纤维收缩，此时纤维表面皱纹消失，成为十分光滑的圆柱体，对光线有规则地反射而呈现出光泽。若在张力持续存在时水洗去除纤维上碱液，就可以基本上把棉纤维溶胀时的形态保留下来，成为不可逆的溶胀，此时获得的光泽较耐久。由于烧碱能进入棉纤维内部，使部分晶区转变为无定形区，去碱、水洗后这种状况也基本保留下来，棉纤维的吸附性能也因此大为增加。

棉及其混纺织物经过丝光处理后，棉纤维发生了超分子结构和形态结构上的变化，除了光泽改善外，而且增加了化学活泼性，对染料吸收能力增加，织物尺寸也较稳定，强力、延伸性等都有所增加。

丝光机有布铗丝光机、直辊丝光机和弯辊丝光机等几种形式，如图 9-8 所示为布铗丝光机。

布铗丝光机扩幅能力强，对降低织物纬向缩水率，提高织物光泽都有较好效果，布铗丝光机有单层及双层两种，以单层布铗丝光机使用较广。这两种布铗丝光机都由下列几个部分组成：平幅进布装置→头道浸轧机→绷布辊筒→二道浸轧机→布铗扩幅装置→冲洗吸碱装置→去碱蒸箱→平洗机→（烘筒烘燥机）→出布。

棉布丝光方法及其工序安排有多种，如坯布丝光、干布丝光、湿布丝光、热碱丝光、染后丝光及其他丝光方法。目前在生产中应用最多的仍是干布丝光法，即在织物练漂后轧水烘燥成为干布再进行丝光。

第二节　纺织品的染色

染色是把纤维材料染上颜色的加工过程。它是借助染料与纤维发生物理化学或化学的结合，或者用化学方法在纤维上生成染料而使整个纺织品成为有色物体。染色产品不但要求色泽均匀，而且必须具有良好的染色牢度。

把纤维制品浸入一定温度下的染料水溶液中，染料就从水相向纤维中移动，此时水中的染料量逐渐减少，经过一段时间以后，就达到平衡状态。水中减少的染料，就是向纤维上移动的染料。在任意时间取出纤维，即使绞拧，染料也仍留在纤维中，并不能简单地使染料完全脱离纤维，这种染料结合在纤维中的现象，就称为染色。

一、染料分类

按染料性质及应用方法，可将染料进行下列分类。

1.直接染料

这类染料因不需依赖其他药剂而可以直接染着于棉、麻、丝、毛等各种纤维上而得名。它的染色方法简单，色谱齐全，成本低廉。但其耐洗和耐晒牢度较差，如采用适当后处理的方法，能够提高染色成品的牢度。

2.不溶性偶氮染料

这类染料实质上是染料的两个中间体，在织物上经偶合而生成不溶性颜料。因为在印染过程中要加冰，所以又称冰染料。由于它的耐洗、耐晒牢度一般都比较好，色谱较齐，色泽浓艳，价格低廉，所以目前广泛用于纤维素纤维织物的染色和印花。

3.活性染料

又称反应性染料。它的分子结构中含有一个或一个以上的活性基团，在适当条件下，能够与纤维发生化学反应，形成共价键结合。它可以用于棉、麻、丝、毛、黏纤、锦纶、维纶等多种纺织品的染色。

4. 还原染料

这类染料不溶于水，在强碱溶液中借助还原剂还原溶解进行染色，染后氧化重新转变成不溶性的染料而牢固地固着在纤维上。由于染液的碱性较强，一般不适宜于羊毛、蚕丝等蛋白质纤维的染色。这类染料色谱齐全，色泽鲜艳，色牢度好，但价格较高，且不易均匀染色。

5. 可溶性还原染料

它由还原染料的隐色体制成硫酸酯钠盐后，变成能够直接溶解于水的染料，所以叫可溶性还原染料，可用作多种纤维染色。这类染料色谱齐全，色泽鲜艳，染色方便，色牢度好。但它的价格比还原染料还要高，同时亲和力低于还原染料，所以一般只适用于染浅色织物。

6. 硫化染料

这类染料大部分不溶于水和有机溶剂，但能溶解在硫化碱溶液中，溶解后可以直接染纤维。但也因染液碱性太强，不适宜于染蛋白质纤维。这类染料色谱较齐，价格低廉，色牢度较好，但色光不鲜艳。

7. 硫化还原染料

硫化还原染料的化学结构和制造方法与一般硫化染料相同，而它的染色牢度和染色性能介于硫化和还原染料之间，所以称为硫化还原染料。染色时可用烧碱—保险粉或硫化碱—保险粉溶解染料。

8. 酞菁染料

酞菁染料往往作为一个染料中间体，在织物上产生缩合和金属原子络合而成色淀。目前这类染料的色谱只有蓝色和绿色，但由于色牢度极高，色光鲜明纯正，因此很有发展前途。

9. 氧化染料

某些芳香胺类的化合物在纤维上进行复杂的氧化和缩合反应，就成为不溶性的染料，叫做氧化染料。实质上这类染料只能说是坚牢地附着在纤维上的颜料。

10. 缩聚染料

用不同种类的染料母体，在其结构中引入带有硫代硫酸基的中间体而成的暂溶性染料。在染色时，染料可缩合成大分子聚集沉积于纤维中，从而获得优良的染色牢度。

11. 分散染料

这类染料在水中溶解度很低，颗粒很细，在染液中呈分散体，属于非离子型染料，主要用于涤纶的染色，其染色牢度较高。

12. 酸性染料

这类染料具有水溶性，大都含有磺酸基、羧基等水溶性基因。可在酸性、弱酸性或中性介质中直接上染蛋白质纤维，但湿处理牢度较差。

13. 酸性媒介及酸性含媒染料

这类染料包括两种。一种染料本身不含有用于媒染的金属离子，染色前或染色后将织物经媒染剂处理获得金属离子；另一种是在染料制造时，预先将染料与金属离子络合，形成含媒金属络合染料，这种染料在染色前或染色后不需进行媒染处理，这类染料的耐晒、耐洗牢度较酸性染料好，但色泽较暗，主要用于羊毛染色。

14. 碱性及阳离子染料

碱性染料早期称盐基染料，是最早合成的一类染料，因其在水中溶解后带阳电荷，故又称阳离子染料。这类染料色泽鲜艳，色谱齐全，染色牢度较高，但不易匀染，主要用于腈纶的染色。

常用的染料有两千多种，由于染料的结构、类型、性质不同，必须根据染色产品的要求对染料迸行选择，以确定相应的染色工艺条件。

二、常用染色设备

在染色过程中，要提高劳动生产率，获得匀透坚牢的色泽而不损伤纤维的纺织品，首先应有先进的加工方法。要根据不同的产品、不同的染料，合理选择和制订染色工艺过程，所用染色设备必须符合工艺要求。

染色机械的种类很多，按照机械运转性质可分为间歇式染色机和连续式染色机；按照染色方法可分为浸染机、卷染机、轧染机等；按被染物状态可分为散纤维染色机、纱线染色机、织物染色机。

合理选用染色机械设备对改善产品质量、降低生产成本、提高生产效率有着重要作用。

1.连续轧染机

连续轧染机适用于大规模连续化的印染加工，劳动效率高，生产成本低，是棉、化纤及其混纺织物最主要的染色设备。根据所使用的染料不同，连续轧染机的类型也不同，例如有还原染料悬浮体轧染机、纳夫妥（疏水性染料）染料打底和显色机、硫化染料轧染机、热溶染色机等。尽管类型不同，但它们的组成大致可分为以下几个部分。

(1) 轧车：织物浸轧染料的主要装置。由轧辊、轧槽及加压装置组成。轧辊有软硬之分，硬轧辊为不锈钢或胶木，软轧辊为橡胶。轧辊加压方式有杠杆加压、油动和气动加压。轧辊有两辊、三辊之分，浸轧方式有一浸一轧、二浸二轧或多浸二轧等，视织物品种和染料种类而定。

(2) 烘干装置：包括红外线、热风和烘筒烘燥三种型式。前二者为无接触烘干，织物所受张力较小。

(3) 蒸箱：有的染料染后要汽蒸，在蒸箱内通入饱和蒸汽，织物经过蒸箱，使纤维膨化，染料及其他化学药品扩散进入纤维内部。有的蒸箱为了防止空气进入，在蒸箱的进出口设置水封口或汽封口，这种蒸箱称为还原蒸箱。

(4) 平洗装置：它包括多格平洗槽，可用于冷水、热水、皂煮以及根据不同染料进行的后处理。

(5) 染后烘干装置：染后的烘干都采用烘筒烘干。目前，连续轧染机都由上述单元机台组合而成，还可根据需要增减一些单元机，以适应不同染料的染色。连续轧染机的基本结构如图9-9所示。

2.卷染机

卷染机是一种间歇式的染色机械，根据其工作性质可分为普通卷染机、高温高压卷染机。普通卷染机如图9-10所示。染槽为铸铁或不锈钢制，槽上装有一对卷布轴，通过齿轮啮合装置可以改变两个轴的主、被动，同时给织物一定张力。织物通过小导布轴浸没在染液中并交替卷在卷布轴上。在染槽底部装有直接蒸汽管加热染液，间接蒸汽管起保温作用。槽底有排液管。染色时，织物由被动卷布辊退卷入槽，再绕到主动卷布轴上，这样运转一次，称为一道。织物卷一道后又换向卷到另一轴上，主动轴也随之变换。染后织物打卷出缸。普通卷染机的缺点是织物运行的线速度不一致，张力较大，劳动强度较大。等速卷染机及自动卷染机可以克服上述缺点，自动卷染机还能调向、记道数和停车自动化。

3.溢流染色机

溢流染色机是特殊形式的绳状染色机，如图9-11所示。由于染色时织物处于松弛状态，受张力小，染后织物手感柔软，得色均匀，故都用于高压条件下合纤织物、经编织物、弹力织物等的染色。近年来也制造了一些常压溢流染色机，可供天然纤维织物常压染色之用。

采用溢流染色机染色时，染液从染槽前端多孔板底下由离心泵抽出，送到热交换器加

(a) 连续轧染机的外形

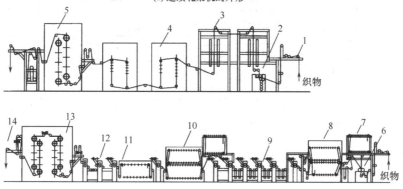

(b) 连续轧染机的结构

图 9-9 连续轧染机

1—进布装置；2、6—均匀轧车；3—红外线烘燥机；4—横导辊热风烘燥机；5—烘筒烘燥机；7—透风辊；
8—还原蒸；9—平洗槽；10—皂洗箱；11—长蒸箱；12—平洗槽；13—烘筒烘燥机；14—落布装置

(a) 外形　　　　　　　　　　(b) 结构

图 9-10 卷染机

1—染槽；2—卷布辊；3—布轴；4—换向齿轴；5—导布辊；6—间接加热管；7—排液口

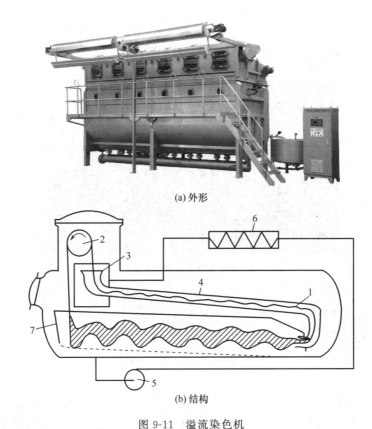

(a) 外形

(b) 结构

图 9-11　溢流染色机

1—织物；2—导辊；3—溢流口；4—输布管道；5—循环污染泵；6—热交换器；7—浸渍槽

热，再从顶端进入溢流槽。溢流槽内平行地装有两个溢流管进口，当染液充满溢流槽后，由于和染槽之间的上下液位差，染液溢入溢流管时带动织物一同进入染槽，如此往复循环，达到染色目的。该机由于采用了溢流原理，使织物在整个染色过程中呈松弛状态，有效地消除了织物因折皱而造成的疵病。该机容易操作，使用简便，但染色时浴比大，染料和用水量大。

4. 喷射染色机

喷射染色机占地小，产量高，可节约材料、动力和劳动力。它不仅有高温高压式，而且有常压式；不仅能用于合成纤维，也能用于天然纤维；不仅能用于染色，也能用于前后处理。因为有其通用性，更受生产厂家欢迎。

如图 9-12 所示，采用该机染色时，先将 U 形管内注入染液，再通过循环泵将染液由 U 形管中部抽出经加热交换器，再由顶部喷嘴喷出，在喷头液体喷射力的推动下，织物在管内循环运动，完成染色。由于染液的喷射作用有助于染液向绳状织物内部渗透，染色浴比也小，织物所受张力更小，因而获得了更优于溢流染色机的染色效果。当前又有溢流染色和喷射染色结合的喷射溢流染色机以及低浴比型快速染色机的出现。

三、涂料染色

1. 涂料染色的特点

涂料染色是将涂料制成分散液，通过浸轧使织物均匀带液，然后经高温处理，借助于黏合剂的作用，在织物上形成一层透明而坚韧的树脂薄膜，从而将涂料机械地固着于纤维上，涂料本身对纤维没有亲和力。

涂料作为一种颜料，长期以来在印花上被广泛使用，近年来，由于印染助剂（如黏合

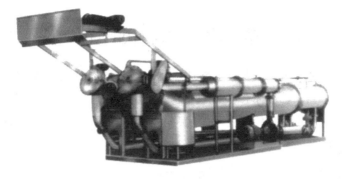

(a) 喷射染色机外观

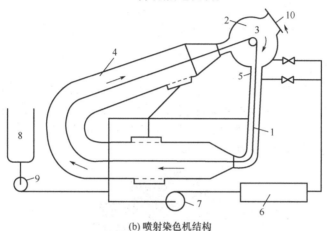

(b) 喷射染色机结构

图 9-12 喷射染色机

1—织物；2—主缸；3—导辊；4—U形染缸；5—喷嘴；6—热交换器；
7—循环泵；8—配料缸；9—加料泵；10—装卸口

剂）性能的不断提高，扩展了涂料的应用范围，使涂料染色工艺得到了迅速发展。该染色工艺具有以下特点：

（1）品种适应性较强，适用于棉、麻、黏胶纤维、丝、毛、涤、锦等各种纤维制品的染色。

（2）工艺流程短，操作简便，能耗低，有利于降低生产成本。

（3）配色直观，仿色容易。

（4）污水排放量小，能满足"绿色"生产要求。

（5）涂料色相稳定，遮盖力强，不易产生染色疵病。

（6）涂料色谱齐全，湿处理牢度较好，还能生产一般染料染色工艺无法生产的特种色泽，对提高产品附加值较为有利。

涂料染色也有不足之处，如机械固着决定了它的摩擦牢度，尤其是搓洗牢度不高，染后织物手感发硬等。尽管近年来新型黏合剂不断涌现，牢度和手感得到了一定的改善，但它还不能完全替代传统的染料染色工艺。目前涂料染色常用于棉、涤棉混纺等织物的中、浅色产品染色。

2.涂料染色方法及工艺

涂料染色主要用于轧染：浸轧染液（一浸一轧，室温）→预烘（红外线或热风）→焙烘→后处理。

一般情况下若无特殊要求，织物经浸轧、烘干、焙烘后，便完成了染色的全部过程。但有时为了去除残留在织物上的杂质，改善手感，可用洗涤剂进行适当的皂洗后处理。

第三节　织物的印花

印花是通过一定的方式将染料或涂料印制到织物上形成花纹图案的方法。织物的印花也称织物的局部染色。当染色和印花使用同一染料时，所用的化学助剂的属性是相似的，染料的着色机理是相同的，织物上的染料在服用过程中各项牢度要求是相同的。

一、印花设备

印花加工的方式可分为两大类，即平板型和圆型，其中平板型包括凸板印花、镂板印花、平网印花；圆型包括滚筒印花、圆网印花。除此之外还有一些如转移印花、静电植绒印花、感光印花和喷墨印花等。我国目前使用的印花设备，主要以放射式滚筒印花机和圆网印花机为主，其他还有半自动及自动平网印花机。

（一）滚筒印花机

滚筒印花机是把花纹雕刻成凹纹于铜辊上，将色浆藏于凹纹内并施加到织物上的，故又叫铜辊印花机。目前印染厂采用的铜辊印花机是由六根或八根刻有凹纹的印花滚筒围绕于一个富有弹性的承压滚筒呈放射形排列的，所以又称为放射式滚筒印花机。滚筒印花机是由机头和烘干部分组成，机头结构如图9-13所示。

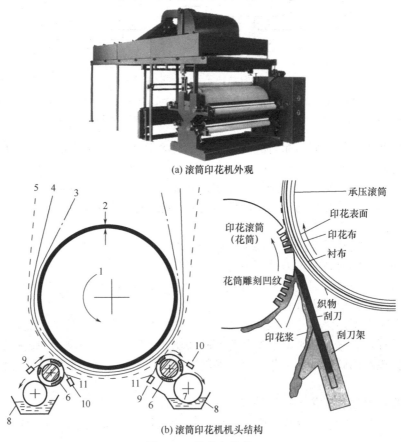

(a) 滚筒印花机外观

(b) 滚筒印花机机头结构

图 9-13　滚筒印花机

1—承压滚筒；2—毛衬布层；3—环状印花胶毯；4—衬布；5—印花布；6—印花雕刻辊；

7—给浆辊；8—色浆槽；9—钢制刮刀；10—小刀；11—印花辊芯子

在印花机的承压滚筒 1 周围包有毛衬布层 2、环状印花胶毯 3、衬布 4，它们在承压滚筒周围形成一层有弹性的软垫。当加压力于转动的印花雕刻辊 6 时，花辊压在织物上，有弹性的软垫促使织物压到花筒的凹纹部分，从而使色浆转移到织物的表面实现印花。8 是色浆槽，印花机工作时，下部浸在色浆槽里的给浆辊 7 将色浆供给已雕刻印花铜辊 6，使色浆涂于凹纹内及其全部平面部分，然后用一把钢制刮刀 9 刮除花筒表面色浆，使雕刻花筒所有凹纹内充满色浆，而平面部分则完全干净，没有色浆，当花筒加压转动与承压滚筒接触时，凹纹内的色浆转移到织物上。衬布 4 的作用是为了吸收透过织物的多余色浆，有些印花机也可不用衬布进行印花。

当雕有凹纹的花筒将色浆转移到织物上后，随即用一把铜质小刀 10 清除铜辊表面，这把小刀的作用是为了去除黏附在铜辊表面的纤维毛，如果让纤维毛带入色浆中，会造成刀线或拖浆疵病（前处理过程中的烧毛也有这方面的原因）。在多套色印花中，小刀也可防止前一印花辊印在织物表面的色浆带到后一印花辊的色浆中去，即防止传色。

在印制多套色图案时，通常都是一套色一根花筒，有时也可叠印获第三色。这些不同色泽的花筒都是按一定的规律安装排列在承压滚筒的周围，而且要使这些花筒调节到花样的不同色泽部分完全对上。准确调节花筒的位置，使花样吻合不失真的过程称为对花。

织物印上花纹后，随即进入烘干设备内进行烘干，而衬布却又重新打卷或成堆置于布车内，洗涤烘干后再用。织物印花后烘干的目的在于防止印花后的织物在堆置于布车中相互沾色。

滚筒印花机印花具有下列优点：①花纹清晰，层次丰富，可印制精细的线条花、云纹等图案；②劳动生产率高，适宜于大批量的生产；③生产成本较低。但其仍然有很多不足的地方：①印花套色受限制，一般只能印制到七套色，劳动强度高；②花回大小以及织物幅宽受限，织物幅宽愈宽，布边与中间的对花精确性愈差；③先印的花纹受后印的花筒的挤压，会造成传色和色泽不够丰满，影响花色鲜艳度；④消耗大量衬布和开车前要消耗大量织物试车；⑤由于花筒雕刻费工费时，在印制 5 万米织物以下不经济，不适宜小批量、多品种要求。放射式滚筒印花机印花时所受张力较大，对于容易受力变形的织物如丝绸、针织物等不适用。

（二）平网印花机

平网印花灵活性很大，设备投资较少，能适应小批量、多品种生产要求，印花套数不受限制，但得色深浓，大都用于手帕、毛巾、床单、针织物、丝绸、毛织物及装饰织物的印花。

平网印花机分为框动式平网印花机及布动式平网印花机，又称为筛网印花机，其外形如图 9-14（a）所示。

1. 框动式平网印花机

该类印花机均为推动式，即将织物固定在印花台板上，使筛网框顺台板经向作间歇性运动移位印花。半自动平网印花是从手工平网印花机发展而来的，它代替了手工印花的繁重劳动。

印花台板架设在木制或铁制台架上，台面铺有人造革，下面垫以毛毯，使其具有一定弹性，并要求整个台面无接缝。为了对版准确起见，在台面边上预留规矩孔，以供筛框上的规矩钉插入，使筛网定位。筛框是每色一块，为了尽量使第二块色位的筛框不致与第一色的湿浆粘搭，常采用热台板将第一色加热，如图 9-14（b）所示，加热的方式是在台面下面安装间接蒸汽管（或电热设备），使其保持均匀温热。台板两边留有小槽，并在板端设排水管，当印花完毕后，用水洗刷台面残浆，污水沿槽流入排水管。

(a) 平网印花机外观

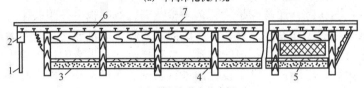

(b) 筛框印花电热台板

图9-14　平网印花机

1—排水管；2—排水槽；3—地板；4—台脚；5—变压器；6—加热器；7—台面

2.布动式平网印花机

这种印花机一般也叫自动平网印花机，它与框动式平网印花机的主要区别是织物随导带回转运动而作纵向运行，而框动式平网印花机上的织物则被固定在台板上，由印框运行。其他情况基本相同。

该机是由进布装置、导带、升降架、烘房等组成。织物从布卷展开，通过进布装置平整地贴在导带上，导带下部有三辊给浆器，把糨糊均匀地涂在导带上，把将要加工的织物半制品粘贴住，使它遇到潮湿色浆时，不致引起收缩而影响第二框的对花准确度。导带是由帆布底橡胶面的无接缝循环套组成，它的套筒是套在直径相同、转速相等的两根主动钢轨上往复地循环运行；导带的两边钉有钢圈，以防止在转动时引起导带伸缩而影响对花。导带是按印花筛框的升降而间歇地运行的，其间歇行进的每一距离幅度可按需要进行调节。导带的出口处下部装有洗涤装置，以去除导带上的剩余色浆和糨糊。

织物在导带上印花完毕后，即进入烘房。烘干后就送往后处理，后处理如常法。

目前在世界范围内，平网印花机发展较快，尤其是宽幅织物、化纤织物和弹性织物迅速增加，而平网印花机对各类织物品种印花适应性日趋完善，更使其加快发展。

（三）圆网印花机

圆网印花机既有滚筒印花生产效率高的优点，又有平网印花能印制大花型、色泽浓艳的特点，是一种介于滚筒印花和平网印花之间的印花机。尤其是近几年来阔幅织物、化纤织物和弹性织物等迅速增加，使这种印花机得到了迅速发展。

圆网印花按圆网排列的不同，分为立式、卧式和放射式三种。国内外应用最普遍的是卧式圆网印花机，有刮刀刮印和磁辊刮印两种基本类型。圆网印花机如图9-15所示。圆网印花机由进布、印花、烘干、出布等装置组成。印花部分的机械组成可分为印花橡胶导带、圆网驱动装置、圆网和印花刮刀架、对花装置、橡胶导带水洗和刮水装置以及印花织物粘贴和给浆泵系统。

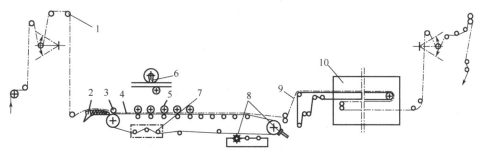

图 9-15　圆网印花机

1—进布装置；2—预热板；3—压布辊；4—印花导带；5—圆网；6—刮刀；
7—导带整位装置；8—导带清洗装置；9—烘房输送网；10—烘燥机

印花时，当被印花的织物与橡胶导带接触时，由于橡胶导带上预先涂了一层贴布胶，使印花织物紧贴在它的上面而不致移动，当印花后织物进入烘干装置，橡胶导带按往复环行而转入机下进行水洗和刮除水滴。

烘干和出布装置采用松式热风烘干。印花后的织物即和橡胶带分离，依靠主动辊转动的聚酯导带，并借热风喷嘴的压力使织物平稳地"贴"在聚酯导带上进入烘房烘干。经热风烘干后的织物即用正确的速度以适当的张力从烘干部分送出。印后把织物折叠或打卷。用圆网印花机印花有以下优点：镍网轻巧，装卸圆网、对花、加浆等操作方便，劳动强度低；产量高，套色数限制小。由于加工是在无张力下进行的，故适宜印制易变形的织物和宽幅织物，无需衬布，但不易印制出云纹、精细的线条等精细图案。

二、印花方法

棉织物印花常用的染料有活性染料、可溶性还原染料、不溶性偶氮染料、稳定不溶性偶氮染料、涂料等。按印花方法不同可分为直接印花、防染印花、拔染印花等。

（一）直接印花

直接印花是所有印花方法中最简单且使用最普遍的一种。由于这种印花方法是用手工或机器将印花色浆直接印到织物上，所以叫直接印花。根据花样要求不同，直接印花可以得到三种效果，即白地、满地和色地。白地即印花部分的面积小，白地部分面积大；满地花则是织物的大部分面积都印有颜色；色地花是先染好地色，然后再印上花纹，这种印花方法又叫罩印。但由于叠色缘故，一般都采用同类色浅地深花为多，否则叠色处花色萎暗。

（二）拔染印花

将有地色的织物用含有拔染剂的色浆印花的工艺叫拔染印花。拔染印花可得到拔白和色拔两种效果。拔染印花的织物色地丰满，花纹细致精密，轮廓清晰，但成本高，生产工艺长且复杂，设备占地多，因此多用于高档的印花织物。含有偶氮基的各类染料，在强还原剂的

作用下会发生断键，从而使其消色，常用于拔染印花。所用还原剂又叫拔染剂。常用的拔染剂为雕白粉。不溶性偶氮染料拔染印花工艺流程如下：

打底→烘干→显色→轧氧化剂→烘干→印花→烘干→汽蒸→氧化→后处理

除不溶性偶氮染料地色织物可用于拔染印花外，直接铜盐染料、偶氮类活性染料、靛类还原染料、偶氮类分散染料地色织物都可用于拔染印花，但其应用不如不溶性偶氮染料广泛。

（三）防染印花

防染印花是先印花后染色的印花方法，即在织物上先印上某种能够防止地色染料或中间体上染的防染剂，然后再经过轧染，使印有防染剂的部分呈现花纹，达到防染的目的。防染印花可得到防白和色防两种效果。

防染印花历史悠久，我国农村中很早流传的一种蓝白花布就是靛蓝防染印花制成的，防染印花较拔染印花有许多优点，如价格低，工艺流程简单，不易发现疵病，但花纹轮廓不够清晰，防白效果不如拔白理想，产品质量不如拔白印花，但有的印花只能通过防染印花才能达到原样要求。

防染剂分为化学防染剂和物理机械防染剂两类。化学防染剂是和地色染色染料性能相反的药剂，如活性染料在碱性条件下才能固色，因此，可用酸性物质来做防染剂。化学防染剂的选择必须根据地色染料的性能来决定。物理性机械防染剂都是植物的胶类、石蜡、陶土、氧化铁、氧化钛等，金属氧化物的颗粒必须很细才能具有对纤维的一定被覆力和较高的化学稳定性能。物理机械性防染剂只起机械性防染作用，不参与化学反应。一般常将两种防染剂混合使用，以提高防染效果。防染印花包括不溶性偶氮染料防染印花、活性染料地色防染印花等，不溶性偶氮染料防染印花的工艺流程如下：

色酚打底→烘干→印花→烘干（→蒸化）→显色（→透风）→短蒸→酸洗→水洗→亚硫酸氢钠处理→水洗→皂洗→水洗→烘干

（四）防印印花

防印印花是从防染印花基础上发展起来的，两者印花机理一样。其不同点在于：防染印花是在染色设备上染制地色，即经过印花与染色两道工序，防印印花则采取罩印的方法，印花时先印含有防染剂的色浆，最后一只花筒印地色色浆，两种色浆叠印处产生防染剂破坏地色色浆的发色，从而达到防染目的。

防印印花能获得地色一致的效果，且地色的色谱不受限制，丰富了印花地色的花色品种，还可省去染地色工序，并避免由于防染剂落入染色液而产生的疵病。防印印花可获得轮廓完整、线条清晰的花纹。防印印花虽具有以上优点，但在印制大面积地色时，所得地色不如防染印花丰满。

防印工艺目前比较成熟的有下列几种，①涂料防印活性染料；②涂料防印不溶性偶氮染料；③不溶性偶氮染料间相互防印；④不溶性偶氮染料防印活性染料；⑤还原染料防印可溶性还原染料。不溶性偶氮染料防印印花的工艺流程如下：

白布色酚打底→印花（包括罩印）→烘干→浸轧热亚硫酸氢钠溶液→亚硫酸氢钠溶液洗→热水洗→烘干→第二次平洗

（五）涂料直接印花

涂料印花是使用高分子化合物作为黏合剂，而把颜料机械地黏附于织物上，经后期处理获得有一定弹性、耐磨、耐手搓、耐褶皱透明树脂的花纹的印花方法。涂料固着在纤维上的机理同其他染料固着在纤维上的机理不同，它是靠黏合剂在织物上形成坚牢、无色透明的膜，将涂料机械地覆盖在织物上，因此，用涂料印花不存在直接性等问题，对所有纤维都适合，特别是对混纺织物就更显示了其优越性。

涂料印花工艺简单，印花后经过热处理就可完成，不需水洗，印制效果好，可印精细线条，没有沾污白地的危险。涂料色谱齐全，拼色方便，除红、酱色外可印深浓色和白色，且日晒和气候牢度一般较好。由于黏合剂形成的膜的原因，造成印制后手感发硬，因此都用于小面积花形。由于黏合剂的原因，容易产生嵌花筒、黏刮刀、搭色等问题。涂料是被黏合剂形成的膜机械地固着在织物上，故印制后其摩擦牢度不高，色泽鲜艳度不够。

（六）喷墨印花

随着计算机辅助设计技术（CAD）用于纺织品印花的图案设计和雕刻后，纺织品印花有了快速的发展。喷墨印花是通过各种数字输入手段把花样图案输入计算机，经计算机分色处理后，将各种信息存入计算机控制中心，再由计算机控制各色墨喷嘴的动作，将需要印制的图案喷射在织物表面上完成印花。其电子、机械等的作用原理与计算机喷墨打印机的原理基本相同，其印花形式完全不同于传统的筛网印花和滚筒印花，对使用的染料也有特殊要求，不但要求纯度高，而且还要加入特殊的助剂。

喷墨印花机按照喷墨印花原理可分为连续喷墨印花（CIJ）和按需滴液喷墨（DOD）两种。

1.连续喷墨（CIJ）式

连续喷墨印花机的墨滴是连续喷出的，形成墨滴流。墨水由泵或压缩空气输送到一个压电装置，对墨水施加高频震荡电压，使其带上电荷，从喷嘴中喷出连续均匀的墨滴流，喷孔处有一个与图形光电转换信号同步变化的电场，喷出的墨滴便会有选择性地带电，当墨流经过一个高压电场时，带电的墨滴的喷射轨迹会在电场的作用下发生偏转，打到织物表面，形成图案，未带电的墨滴被捕集器收集重复利用。连续式喷墨印花机目前主要应用于地毯和装饰布的生产，这种印花机印花精度相对比较低，但印花速度比较快。

2.按需喷墨（DOD）式

按需滴液喷墨印花机仅按照印花要求喷射墨滴，目前分热脉冲式、压电式、电磁阀式和静电式四大类型。应用最多的是热脉冲式喷墨印花机和压电脉冲式印花机两种类型。

喷墨印花工艺流程（以活性染料为例）如下：

织物前处理→烘干→喷射印花→烘干→汽蒸（120℃，8min，使活性染料固色）→水洗→烘干

（七）特殊印花法

1.烂花印花

烂花织物都由两种不同纤维通过交织或混纺制成，其中一种纤维能被某种化学药剂破坏，而另一种纤维则不受影响，便形成特殊风格的烂花印花布，通常由耐酸的纤维如蚕丝、锦纶、涤纶、丙纶等纤维与纤维素纤维如黏胶纤维、棉等交织或混纺制成织物，用强酸性物质调浆印花，烘干后，纤维素被强酸水解炭化，经水洗后便得到具有半透明视感、凹凸的花纹，可用作窗帘、床罩、桌布等装饰性织物，也可用作衣料。

目前我国多用涤棉包芯纱织物，在织物上用强酸性浆料印花。在烂花浆中加入分散染料可以作为对涤纶的着色剂，从而得到有色烂花印花。烂花印花设备可使用滚筒印花机，但滚筒刻花深度应较一般的滚筒深，平网印花设备也可使用，但效率低，成本较高，一些精细花纹如着色云纹、精细点线和喷笔难以生产。烂花印花方法可以采用直接印花法，也可采用防染印花法，即预先用浆料印花，烘干后浸酸、汽蒸除去地色部分，取得特殊效果。

2.转移印花

转移印花是先将染料色料印在转移印花纸上，然后在转移印花时通过热处理使图案中染

料转移到纺织品上，并固着形成图案。目前使用较多的转移印花方法是利用分散染料在合成纤维织物上用干法转移。这种方法是先选择合用的分散染料与糊料、醇、苯等溶剂及树脂研磨调成油墨，印在坚韧的纸上制成转印纸。印花时，将转印纸上有花纹的一面与织物重叠，经过高温热压约1min，则分散染料升华变成气态，由纸上转移到织物上。印花后不需要水洗处理，因而不产生污水，可获得色彩鲜艳、层次分明、花形精致的效果。但是存在的生态问题除了色浆中的染料和助剂外还需大量的转移纸，这些转移纸印后很难再回收利用。

3. 蜡染（蜡防染）

蜡染即利用蜡的拒水性来作为防染材料，在织物上印制或手绘花纹，印后待蜡冷却，使蜡破裂而产生自然的龟裂——冰纹。染色时染液可从冰纹处渗向织物，呈现出独特的纹路，这种无重复性多变化的花纹有较高的鉴赏价值。

手工蜡染是用特殊蜡绘工具（铜蜡刀、铜蜡笔、蜡笔等）手绘花样在织物上，具有一定艺术价值，常作为印花装饰品，由于是手工生产，故生产率低，产品价格高。采用机械印蜡，可以大大提高工效。机械印蜡是用两只花筒将调好的蜡质在恒温条件下印到织物的正反面，并使正反面的花纹、基本符合。蜡凝固后，将织物以绳状拉过圆形小孔，使蜡龟裂而形成冰纹。再用可以在常温染色的染料染色，染色后用沸水处理，洗去并回收印蜡。最后根据要求加印花色、大满地等而成仿蜡防染花布。

除上述特种印花方法外，尚有微粒印花（即多色微点印花），此法使用不同颜色的微胶囊染料混合调浆，印在织物上，此时各种颜色的染料互相并无作用，也不会拼成单一色，印花后在高温汽蒸或焙烘时，囊衣破裂，芯内染料释出在织物上固着，可得到多彩色粒点印花效果。微胶囊染料颗粒的直径一般为 $10\sim30\mu m$，每千克这类染料可达到含 $100\sim1000$ 万个颗粒。微胶囊外膜可由亲水性高聚物作为囊衣，如明胶、聚乙烯醇、丙烯酸酯等。目前囊内染料常用分散染料，因其不溶于水，容易在染料粒子外面包膜，故微胶囊印花都用于合纤织物。此外，还有静电植绒印花，可用于整批织物印花或衣服上装饰性印花；起绒印花和发泡印花，可获得绒绣感及立体感。其他特种印花方法尚多，不再一一介绍。

第四节　印染后整理

一、织物后整理的目的

按其整理目的大致可以分为下列几个方面。

(1) 使织物门幅整齐，尺寸形态稳定。属于此类整理的有定幅、防缩防皱和热定形等，称为定形整理。

(2) 改善织物手感。如硬挺整理、柔软整理等。这类整理可采用机械方法、化学方法或二者共同作用处理织物，以达到整理目的。

(3) 改善织物外观。如光泽、白度、悬垂性等。有轧光整理、增白整理及其他改善织物表面性能的整理。

(4) 其他服用性能的改善。如棉织物的阻燃、拒水、卫生整理；化纤织物的亲水性、防静电、防起毛起球整理等。

织物后整理根据上述要求，其加工方法可分为两大类：即机械后整理和化学后整理。通常将利用湿、热、力（张力、压力）和机械作用来完成整理目的的加工方法称为一般机械整理，而利用化学药剂与纤维发生化学反应，改变织物物理化学性能的称为化学整理。但二者并无截然界线，例如柔软整理既可按一般机械整理方法进行，也可用上柔软剂的方法获得整理效果；但大多数是两种方法同时进行，如耐久性电光整理，使织物先浸轧树脂整理用化学药剂，烘干后再经电光机压光、焙烘而成。

二、织物一般整理

（一）手感整理

纺织物的手感与纤维原料，纱线品种，织物厚度、重量、组织结构以及染整工艺等都有关系。就纤维材料而言，丝织物手感柔软，麻织物硬挺，毛呢织物蓬松粗糙有弹性。

1.硬挺整理

硬挺整理是利用能成膜的高分子物质制成整理浆浸轧在织物上，使之附着于织物表面，干燥后形成皮膜将织物表面包覆，从而赋予织物平滑、厚实、丰满、硬挺的手感。

硬挺整理也称为上浆整理。浆料有淀粉及淀粉转化制品的糊精、可溶性淀粉，以及海藻酸钠、牛胶、羧甲基纤维素（CMC）、纤维素锌酸钠、聚乙烯醇（PVA）、聚丙烯酸等。上述浆料也可以根据要求混合使用。配制浆液时，还同时加入填充剂，用以增加织物重量，填塞布孔，使织物具有滑爽、厚实感。常用滑石粉、高岭土和膨润土等为填充剂。为防止浆料腐败，还加入苯酚、乙萘酚之类的防腐剂。色布上浆时应加入颜色相类似的染料或涂料。

织物上浆整理视上浆料多少及要求采用浸轧式上浆、摩擦面轧式上浆及单面上浆等方法。织物上浆后一般多用烘筒烘燥机烘干，但应防止产生浆斑或浆膜脱离现象。单面上浆时织物上的浆料量高，更应考虑防止上述现象产生。

2.柔软整理

柔软整理方法中的一种是借机械作用使织物手感变得较柔软，通常使用三辊橡胶毯预缩机，适当降低操作温度、压力，加快车速，可获得较柔软的手感，若使织物通过多根被动的方形导布杆，再进入轧光机上的软轧点进行轧光，也可得到平滑柔软的手感，但这种柔软整理方法不耐水洗，目前多数采用柔软剂进行柔软整理。

作为柔软剂的材料必须没有不良气味，而且对织物的白度、色光及染色坚牢度等没有不良影响。

（二）定形整理

定形整理包括定幅（拉幅）及机械预缩两种整理，用以消除织物在前各道工序中积存的应力和应变，使织物内纤维能处于较适当的自然排列状态，从而减少织物的变形因素。织物中积存的应变就是造成织物缩水、折皱和手感粗糙的主要原因。

1.定幅（拉幅）

织物在加工过程中，常受到外力作用，尤以经向受力更多，迫使织物经向伸长、纬向收缩，因而形态尺寸不够稳定，幅宽不匀，布边不齐，纬斜以及因烘筒烘干后产生的极光、手感粗糙等。经定幅整理后，上述缺点基本可以纠正。

定幅整理是利用纤维在潮湿状态下具有一定的可塑性能，在加热的同时，将织物的门幅缓缓拉宽至规定尺寸。通过拉幅可以消除织物部分内应力，调整经纬纱在织物中状态，使织物幅宽整齐划一，纬向获得较为稳定的尺寸。配备有正纬器的拉幅机还可以纠正前工序造成的纬斜。含合成纤维的织物需在高温时定幅。

用于织物定幅整理的各式拉幅机：棉织物常用布铗拉幅机；合纤及其混纺织物用高温针板式拉幅机。布铗拉幅机因加热方式不同分为热风拉幅机（热拉机）与平台拉幅机（平拉机）。热风拉幅机的拉幅效果较好，而且可以同时进行上浆整理、增白整理。全机由浸轧槽、单柱烘筒与热风拉幅烘房、落布部分组成。

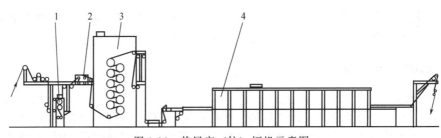

图 9-16　热风定（拉）幅机示意图
1—两辊浸轧机；2—四辊整纬装置；3—单柱烘燥机；4—热风拉幅烘燥机

热风定幅机如图 9-16 所示。织物先浸轧水或浆液或其他整理剂，经单柱烘筒烘至半干使含湿均匀，再喂入布铗进入热风房，经强迫对流的热空气加热织物，使织物在行进中逐渐伸幅烘干，固定织物幅宽。需要纠正织物纬斜时，可操作单柱烘筒后的正纬器进行正纬。平台拉幅机结构较简单，织物由给湿器给湿后，喂入布铗，由排列在布铗两边下部的蒸汽散热器供热，在运行中将织物烘干并固定织物幅宽，但平拉机拉幅效果较差。用于合纤及其混纺织物的高温热风拉幅机结构基本与布铗热风拉幅机相同，是用针铗链代替布铗链。该机除了热风温度较高外，由于使用针铗链超喂进布，有利于织物经向收缩，适合合纤类织物要求，操作方法与热定形机相同。使用高温热风拉幅机应注意针孔与布边距离，并应防止断针随织物带入轧光工序造成设备损伤。落布时有冷却装置，使落布温度低于 50℃。针铗式高温热风拉幅机与热定形机的差异是布速较高，烘房温度稍低，但高温热风拉幅机经适当调整后也可用于热定形和涤纶增白的烘焙固色。

2.机械预缩整理

经染整加工后的干燥织物，如果在松弛状态下被水润湿，则织物的经纬向均将发生明显的收缩，这种现象称为缩水。用具有潜在缩水的织物制成服装，因其尺寸尚不稳定，一经下水洗涤，将会产生一定程度收缩，使服装不合身，给消费者带来损失。印染厂为了保持织物缩水率不超过国家标准，除了在前工序中尽量降低织物所受张力外，在整理车间常采用机械预缩法或化学防缩法，使织物缩水率符合要求。

机械预缩整理主要是解决经向缩水问题，使织物纬密和经向织缩调整到一定程度而使织物具有松弛结构。经过机械预缩的织物，不但"干燥定形"形变很小，而且在润湿后，由于经纬间还留有足够余地，这样便不会因纤维溶胀而引起织物的经向长度缩短，也就是消除织物内存在着的潜在收缩，使它预先缩回，这样便能降低成品的缩水率。

机械预缩整理设备，我国印染厂目前都采用三辊橡胶毯预缩机，此机有筒式预缩机、普通三辊预缩机及预缩整理联合机等机型，其核心部分为三辊橡胶毯压缩装置，如图 9-17所示。

预缩整理联合机由以下几部分组成。

（1）进布装置：由张力器、吸边器、喂入辊及布速测定仪等组成。要求织物进入预缩机时保持平直，以免产生皱纹或轧皱等疵病。

（2）给湿装置：包括喷雾器、汽蒸箱等，使一定量水分均匀透入纤维内部，赋予织物可塑性，以利预缩进行。

（3）压缩装置：是各类型三辊橡胶毯预缩机的心脏部分，承压滚筒内通蒸汽加热，无缝环状橡胶毯紧贴在承压滚筒下半部，织物收缩率受橡胶毯弹性收缩值影响，因此橡胶毯厚度大的比厚度小的预缩效果好。

（4）毛毯烘干机：是机械预缩机的补充烘干装置，不起织物收缩作用，除了干燥作用

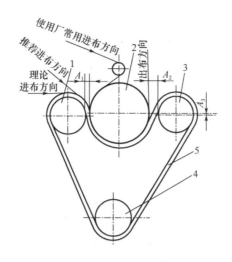

图 9-17　预缩部分示意图
1—进布加压辊；2—加热承压滚筒；3—出布辊；4—橡胶毯调节辊；5—橡胶毯

外，还能将织物在压缩装置内产生的皱纹烫平，使织物表面平整，手感丰满，光泽柔和。

化学预缩是指采用化学方法降低纤维亲水性，使纤维在湿润时不能产生较大的溶胀，从而使织物不会产生严重的缩水现象。常使用树脂整理剂或交联剂处理织物以降低纤维亲水性。

（三）外观整理

织物外观整理主要内容有轧光整理、电光整理、轧纹整理和漂白织物的增白整理等。整理后可使织物外观改善、美化，如光泽增加，平整度提高，表面轧成凹凸花纹等。

1. 轧光整理

轧光整理一般可分为普通轧光、摩擦轧光及电光等。都是通过机械压力、温度、湿度的作用，借助于纤维的可塑性，使织物表面压平，纱线压扁，以提高织物表面光泽及光滑平整度。

普通轧光整理在摩擦轧光机上进行。轧光机主要由重叠的软硬辊筒组成，辊筒数目分 2 ~ 10 只不等，可根据不同整理要求，确定软硬辊筒数量与排列方式。硬辊筒为铸铁或钢制，表面光滑，中空可通入蒸汽等加热，软辊筒用棉花或纸粕经高压压紧后车平磨光制成。织物穿绕经过各辊筒间轧点，即可烫压平整而获得光泽。轧光时硬辊筒加热温度愈高光泽愈强，冷轧时织物仅表面平滑，不产生光泽。五辊以上轧光机，如配备一组 6 ~ 10 套导辊的导布架，即可进行叠层轧光，利用织物多层通过同一轧点相互压轧，使纱线圆匀，纹路清晰，有似麻布光泽，并随穿绕布层增多而手感变得更加柔软，故叠层轧光也可用于织物机械柔软整理。

摩擦轧光是利用轧光机上摩擦辊筒的表面速度与织物在机上运转时线速度的差速作用。在三辊摩擦轧光机上，上面的摩擦辊一般比下面的两根辊筒超速 30% ~ 300%，利用摩擦作用使织物表面磨光，同时将织物上交织孔压并成一片，可以给予织物很强的极光，布面极光滑，手感硬挺，类似蜡光纸，也常称作油光整理。

电光整理在电光机上进行。电光机是用表面刻有一定角度和密度斜纹线的硬质钢辊和另一根有弹性的软辊组成。硬辊内部可以加热，在加热及一定含湿条件下轧压织物，在织物表面压出平行而整齐的斜纹钱，从而对入射光产生规则的反射，获得如丝绸般的高光泽表面。横贡缎织物后整理多经过电光整理。

轧纹整理与电光整理相似，轧纹硬辊表面刻有阳纹花纹，软辊则刻有与硬辊相对应的阴纹花纹，两者互相吻合。织物通过刻有对应花纹的软硬辊，在湿、热、压力作用下，产生凹凸花纹。轻式轧纹机亦称为拷花机，硬辊为印花用紫铜辊，软辊为丁腈橡胶辊筒（主动辊筒），拷花时硬辊刻纹较浅，软辊没有明显对应的阴纹，拷花时压力也较小，织物上产生的花纹凹凸程度也较浅，有隐花之感。

无论轧光、电光或轧纹整理，如果只是单纯地利用机械加工，效果均不能持久，一经下水洗涤，光泽花纹等都将消失。如与树脂整理联合加工，即可获得耐久性轧光、电光、轧纹整理。

2. 增白整理

织物经过漂白后，往往还带有微量黄褐色色光，不易做到纯白程度，常使用织物增白的方法以增加白色感觉。增白的方法有两种：一种是上蓝增白法，即将少量蓝色或紫色染料或涂料使织物着色，利用颜料色的互补作用，使织物的反射光中蓝紫色光稍偏重，织物看起来白度有所提高，但亮度降低，略有灰暗感。另一种是荧光增白法，荧光增白剂溶于水呈无色，其化学结构与染料相似，能上染纤维，荧光增白剂本身属无色，但染着纤维后能在紫外光的激发下，发出肉眼看得见的蓝紫色荧光，与织物本身反射出来的微量黄褐色光混合互补合成白光，织物便显得更加洁白，因反射的总强度提高，亮度有所增加，但在缺少紫外光的光源条件下效果略差。印染厂常用荧光增白剂品种有：荧光增白剂 VBL，可用于纤维素纤维、蚕丝纤维及维纶织物的增白；荧光增白剂 VBU，常加入树脂整理浴中；荧光增白剂 DT，用于涤纶、锦纶、氯纶、三醋酯等纤维制品的增白。棉织物增白常与双氧水复漂同时进行，涤纶增白也可在高温热拉机上烘干发色，涤棉混纺织物则采用是棉、涤分别增白。

三、树脂整理

棉织物树脂整理技术大致经历了防皱防缩、洗可穿及耐久压烫（D. P）整理等几个发展阶段。近年推出的形态记忆整理，是纯棉织物树脂整理发展的典型代表。这种产品首先需要采用液态氨对棉织物进行前处理，使其将纤维充分膨化，然后再选用具有高弹恢复功能的树脂单体通过浸轧均匀渗透到纤维内部，经高温焙烘后在纤维内部形成耐久性的网状交联，从而获得具有耐久性效果的免烫整理产品。树脂整理除用于棉织物、黏胶纤维织物外，还用于涤棉、涤黏等混纺织物的整理，以提高织物防皱防缩性能。目前，树脂整理产品可用于制作衬衫、裤料、运动衫、工作服、床单、窗帘和台布等。

（一）织物整理常用的树脂

织物树脂整理所应用的树脂都是先制成树脂初缩体，也就是树脂用单体经过初步缩聚而成的低分子化合物。由于常用树脂整理属于内施型整理，即树脂初缩体掺入纤维内部与纤维素大分子发生化学结合，因此初缩体分子量不能太大，否则不易透入纤维内部而形成表面树脂，达不到整理要求。初缩体分子应具有两个或两个以上能与纤维素羟基作用的官能团，并具有水溶性，此外本身还应有一定稳定性，无毒、无臭，对人体皮肤无刺激作用等。

用于织物整理的树脂有几大类，但仍以 N—羟甲基酰胺类化合物使用最多。

（二）树脂整理工艺

1. 一般树脂整理工作液组成

包括树脂初缩体、催化剂、柔软剂、润湿剂。

工作液中树脂初缩体用量应根据纤维类别、织物结构、初缩体品种、整理要求、加工方法以及织物的吸液率等而定，要求能使整理品的防皱性和其他机械性能之间取得某种平衡，如防皱性最佳而强力下降最少。

催化剂可使树脂初缩体与纤维素起反应的时间缩短，可减少高温处理时纤维素纤维所受损伤。

柔软剂除了可以改善整理后手感，并能提高树脂整理织物的撕破强力和耐磨性。

润湿剂除了应具有优良的润湿性能外，还应与工作液内其他组分有相容性。润湿剂中以非离子表面活性剂为宜，如渗透剂 JFC 等。

2.树脂整理工艺

根据纤维素纤维含湿程度不同，即在干态（不膨化状态）、含潮（部分膨化状态）、湿态（全膨化状态）时与树脂初缩体的反应，有下列几种树脂整理工艺。

干态交联工艺：浸轧树脂液→预烘→热风拉幅烘干→焙烘→皂洗→后处理（如柔软、轧光或拉幅烘干）。

含潮交联工艺：交联反应时，要求控制织物含湿量和 pH 值，放冷后打卷堆放一定时间，然后水洗、中和、洗净。

湿态支联工艺：织物浸轧以强酸为催化剂的树脂工作液后，在往复转动的情况下反应 1～2h，然后打卷，包上塑料薄膜以防干燥，再缓缓转动 16～24h，最后水洗、中和、洗净、烘干。由于织物在充分润湿状态时进行交联反应，织物有很高的湿抗皱性，但干抗皱性能提高不多，而耐磨、断裂强度的下降率低于含潮交联工艺。

目前树脂整理工艺多采用干态交联工艺，此工艺虽然断裂强力、撕破强力、耐磨度下降较多，但工艺连续、快速，工艺易控制，重现性好，是后两种工艺达不到的。

3.快速树脂整理工艺

该工艺是现在一种通用的树脂整理工艺，其特点是工作液中加入强催化剂，如由氯化镁、氟硼酸钠、柠檬酸三铵混合组成的协合催化剂（或其他强力混合催化剂），在高温拉幅时一次完成烘干与焙烘，从而缩短了高温焙烘时间，还免去了平洗后处理，缩短了工艺。快速树脂整理适用于轻薄织物、涤棉混纺织物等。工艺流程简单，不使用专门焙烘设备，不需水洗，快速，节约能源，可大大降低成本。但应考虑由于焙烘时间缩短，树脂初缩体与纤维的交联是否达到要求，又由于省去焙烘后的水洗工序，产品上留有催化剂、游离甲醛及其他残留组分；在贮存过程中是否会引起交联部分水解，从而影响树脂的抗皱性，增加氯损，并继续释放出甲醛；织物在焙烘时可能产生的鱼腥气味物质，不经水洗，则仍将保留在织物内。因此，快速树脂工艺只适用于要求不高的品种。

四、特种整理

纺织品经过一些特殊的整理加工后，还可以提高其应用范围，如拒水、阻燃、防静电、防污等。这些性能一般纺织品并不具备，而是经过特殊整理方法获得的，这类整理方法称为特种整理。

（一）防水整理

按加工方法不同可分为两类：一类是用涂层方法在织物表面施加一层不溶于水的连续性薄膜，这种产品不透水，也不透气，不宜用作一般衣着用品，而适用于制作防雨篷布、雨伞等。如我国早就使用的用桐油涂敷的油布，近年多采用橡胶和聚氨酯类作为涂层剂，以改善整理的手感，弹性和耐久性。另一类整理方法在于改变纤维表面性能，使纤维表面的亲水性转变为疏水性，而织物中纤维间和纱线间仍保留着大量孔隙，这样的织物既能保持透气性，又不易被水润湿，只有在水压相当大的情况下才会发生透水现象，适宜制作风雨衣类织物。这种透气性防水整理也称为拒水整理。拒水整理主要有下列几种方法。

1.铝皂法

将醋酸铝、石蜡、肥皂、明胶等制成工作液，在常温或55～70℃下浸轧织物，再经烘干即可。也可以先浸轧石蜡、肥皂混合液，烘干后再浸轧醋酸铝溶液，烘干。铝皂法简便易行，成本低，不耐水洗与干洗，但防雨篷布使用失效后可再次用上述整理方法，恢复拒水性能。

2.耐洗性拒水整理

用含脂肪酸长链的化合物，如防水剂PF（系用脂肪酸酰胺与甲醛、盐酸、吡啶等制成）浸轧织物后，焙烘时能与纤维素纤维反应而固着在织物上，具有耐久性拒水性能。

有机硅又称为聚硅酮，织物整理用的有机硅常制成油溶性液体或30%乳液，乳液使用较方便，其主要成分为甲基氢聚氧硅烷（MHPS）、二甲基聚硅氧烷（DMPS），两者拼混使用以使织物获得拒水性及柔软手感。应用时需加入锌、锡等脂肪酸盐为催化剂，以降低焙烘温度并缩短反应时间。用分子两端有羟基的二甲基羟基硅氧烷与甲基氢聚硅氧烷制成硅酮弹性体（或称硅酮胶）处理织物后，除了获得耐久拒水性外，还具有织物丰满有弹性的风格。

3.透气性防水涂层整理

将聚氨酯溶于二甲基甲酰胺（DMF）中，涂在织物上，然后浸在水中，此时聚氨酯凝聚成膜，而DMF溶于水中，在聚氨酯膜上形成许多微孔，成为多微孔膜，既可以透湿透气，又有拒水性能，是风雨衣类理想的织物。

（二）阻燃整理

织物经阻燃整理后，并不能达到如石棉的不可燃程度，但能够阻遏火焰蔓延，当火源移去后不再燃烧，并且不发生残焰阴燃。阻燃整理织物可用于军事部门、工业交通部门、民用产品，如地毯、窗帘、幕布、工作服、床上用品及儿童服装等。

选用阻燃剂时，除了必须考虑阻燃效果和耐久程度外，还必须注意对织物的强度、手感、外观、织物染料色泽及色牢度有无不良的影响；对人体皮肤有无刺激，阻燃剂在织物受热燃烧时有无毒气产生，与其他整理剂的共容性等。

阻燃品种较多，大都是卤素、磷、氮的化合物。阻燃剂所起作用因品种不同而异，或起隔离织物与空气接触，如硼砂、硼酸混合物；或阻燃剂本身受热分解放出难燃或不燃气体冲淡可燃气；或改变纤维热分解物的成分；或生成高熔点灰烬，起到阻燃烧蔓延的作用。

（三）卫生整理

卫生整理又称为抗菌整理，其整理目的是抑制和消灭附着在纺织品上的微生物，使织物具有抗菌、防臭、防霉、防虫的功能。卫生整理产品可用于日常生活用织物，如衣服、床上用品、医疗卫生用品、袜子、鞋垫以及军工用篷布等。

用于衣被等生活用织物的卫生整理剂，要求对皮肤无刺激性。由于人体分泌物在温湿度条件合适时，有利于细菌繁殖，故汗液极易被细菌分解而产生难闻的臭味，如汗臭、脚臭等，织物经过卫生整理后，附着在纤维上的整理剂抑制了菌类的繁殖，从而减少了臭味的产生。

（四）合纤及其混纺织物特种整理

合成纤维本身具有疏水性，因此纯合纤织物及含合纤组分高的混纺织物因吸湿性差，往往易产生静电、吸附尘埃、易污、易起毛起球等现象。

1.抗静电整理

衣服因摩擦带静电时，常使裙子黏附在腿上，外衣紧吸在内衣上，在一些易爆场所还会因静电火花导致爆炸事故。

印染后整理加工中常使用耐久性、外施型静电防止剂。对这类静电防止剂要求具有耐久性防静电效果，不影响织物风格，不影响染印织物的色光及各项染色坚牢度，与其他助剂有相容性，无臭味，对人体皮肤无毒害等。常用的有高分子表面活性剂，如阴离子型的有甲基丙烯酸（部分）聚乙二醇酯，非离子型的有聚醚酯类，能在涤纶的外层形成连续性亲水薄膜，提高织物表面吸水性能，表面电阻降低，使电荷逸散速率加快；阳离子型的如壳聚糖，其分子结构与纤维素相似，织物用以浸轧烘干后，在表面形成薄膜，可赋予涤、棉、黏等混纺织物明显的抗静电性能，而且耐洗性好，兼有使织物提高防皱防缩、耐磨、耐腐等性能，织物外观光洁，手感滑爽。以上抗静电性能都是利用增加纤维表面吸湿性，以抑制电荷积累。在相对湿度低于40％时，这种抗静电剂的作用大为降低，甚至无效。目前对防静电要求高的织物多采取使用金属纤维与合纤混纺，如化纤地毯中混有不锈钢纤维时，可以使摩擦产生的静电接地泄放。织物中金属纤维还可将织物中静电集中，形成强度不匀的电场，使周围空气电离，与带电纤维极性相反的离子吸向纤维中和放电，从而使织物具有防静电性能，且不受空气相对湿度变化的影响。此外，用化学镀的方法在织物上镀一薄层金属，如铜层、镍层，也有良好的抗静电效果。

2. 抗起毛起球整理

一般纱线织物都常有起毛现象，羊毛、棉、黏纤等纺织品在服用中也会起毛，由于其强力较低，短纤维毛羽因摩擦而从织物上脱落；即使成球，也会逐渐脱落。而合成纤维因强力高，其毛羽不易断落，毛羽滚成毛球后牢固，难以脱落。织物起毛起球现象除与纤维强力有关外，混纺织物中合纤比例高，纤维细度小，纱线捻度小，经纬密度稀的都易起毛起球。从染整角度看，除了改变纱线与织物结构外，染整工艺中的烧毛、剪毛、热定形均可改善起球现象，混纺织物经过外施型树脂整理，如用醚化三聚氰胺甲醛树脂，也有一定改善。

（五）纺织品的其他功能整理

1. 防紫外线整理

减少紫外线对皮肤的伤害，必须减少紫外线透过织物的量。防紫外线整理可以通过增强织物对紫外线的吸收能力或增强织物对紫外线的反射能力来减少紫外线的透过量。在对织物进行染整加工时，选用紫外线吸收剂和反光整理剂加工都是可行的，两者结合起来效果会更好，可根据产品要求而定。目前应用的紫外线吸收主要有金属离子化合物、水杨酸类化合物、苯酮类化合物和苯三唑类化合物等几类。

紫外线吸收剂的整理大致有以下几种方法：

（1）高温高压吸尽法：一些不溶或难溶于水的整理剂，可采用类似分散染料染涤纶的方法，在高温高压下吸附扩散入涤纶。有些吸收剂还可以采用和染料同浴进行一浴法染色整理加工。

（2）常压吸尽法：采用一些水溶性的吸收剂处理羊毛、蚕丝、棉以及锦纶纺织品，则只需在常压下于其水溶液中处理，类似水溶性染料染色。有些吸收剂也可以采用和染料同浴进行一浴法染色整理加工。

（3）浸轧或轧堆法：这主要是用于棉织物的整理方法。和染色一样，浸轧后烘干，或和树脂整理一起进行，采用轧—烘—焙工艺加工。轧堆方法特别适合和活性染料染色一起进行，浸轧后，经过堆置使吸收剂吸附扩散进入纤维内部，在染色过程中完成处理。

（4）涂层法：对于一些对纤维没有亲和力的吸收剂，特别适合这种方法，它还可以和一些无机类的防紫外线整理剂（反射紫外线）一起进行加工。涂层法比较适合于伞、防寒衣料的加工。

织物经过防紫外线整理后，紫外线被织物吸收，因此透过织物的紫外线数量大为减少，对人体有很好的防护作用。经过紫外线吸收剂整理，纤维的光老化、染色织物的耐光牢度也

都会大大改善，所以防护作用是多方面的，用途也是多方面的。

2.阳光蓄热保温整理

人体热能的散发，以辐射方式为最多，因此设法减少这种散发则保温效果最好。例如，在涂层树脂中混入铝金属颗粒，可以增强对辐射的反射作用，有较好的保温效果。

在涂层树脂中加入陶瓷粒子或碳粒子，也可增强反射作用，既可以阻止外面入射进的辐射线（例如紫外线），起防护作用，也可以阻止体内热能辐射出来，增强保温作用。某些陶瓷颗粒还可以吸收人体放出的热能，再放出远红外线，使保温性进一步得到加强。不过这种性能还不能充分满足冬季运动服装的轻盈保暖的要求，仍然属消极保温织物。

积极保温织物有利用电池和膜状发热体将电能转换为热能的电热织物，有利用铁粉等材料被空气中氧气氧化而发热的化学反应发热织物等，但它们有携带不便和耐久性差等问题。

利用太阳能集热装置，选择性地吸收太阳能，然后逐渐放出，可以永久地利用太阳能来保温。对太阳能有选择性吸收的物质包括碳化锆（ZrC）等。

一些功能染料也具有保温蓄能的特性，这时功能染料不仅起着色作用，还可以起保温蓄能作用。聚乙二醇等许多有机化合物也有蓄能保温作用。可通过浸渍和浸轧等方式来加工。

3.透湿防水整理

透湿防水整理主要有两种途径：

（1）微孔透湿：涂层加工时，在涂层薄膜中形成无数的 $5\sim10\mu m$ 的微孔，服装穿着时内部的湿气可通过微孔向外散发。

（2）吸湿性透湿：涂层薄膜本身具有吸湿性，例如一些具有极性，甚至离子基团的高分子物作为涂层树脂，这些高分子物具有较好的吸湿性，在相对湿度较低的一侧它又可以向外蒸发去除水。如身体排出的汗水被它吸收后，水分通过薄膜扩散到外侧，然后蒸发排出。如果在这种涂层的外侧再经过拒水整理，则对外有拒水（不润湿）和防水（可耐足够高的水压）作用，又可将内侧的水分排出。

如果在上述涂层树脂中再加入前述的保温性的陶瓷粒子或金属颗粒，则可得到防水、透湿及保温的织物。

4.高吸水性整理

通常应用的方法是用高吸水性树脂整理来得到。高吸水性树脂可分多种类别，一般来说，高吸水性树脂应具备两个功能，一是吸水的功能，二是保住水的功能。为了能吸水，必须有三个条件，即被水润湿、毛细管吸水和较大的渗透压。

五、成品检验与包装

织物经染、印、整理的最后工序是对产品的内在质量与外观质量进行检验，然后根据检验结果对产品定级分等，送入装潢间，打印、折叠、贴商标、拼件、配花配色、对折卷板或卷筒、包装、打印，最后送出厂或入库。

思考题 ▶▶

（1）织物前处理的目的是什么？棉织物的前处理包括哪些工序？各工序的作用是什么？

（2）什么叫纺织品的染色？

（3）什么是染料？试对染色进行分类。

（4）试述常用的染色工艺。

（5）什么叫纺织品的印花？从工艺上对印花方法进行分类。

（6）纺织品整理的概念和目的是什么？

（7）纺织品整理都有哪些内容？

实训题 ▶▶

（1）常规织物的染色打样；

（2）扎染与蜡染设计及制作训练。

第十章

涂层织物及其加工方法

本章知识要点：

　　1. 理解涂层织物的基本概念；

　　2. 了解涂层织物的结构及其组成物，掌握各种涂层织物生产加工方法；

　　3. 熟悉涂层织物产品的性能与特点。

　　涂层是指在织物的一面或两面覆盖一层以上的人造或天然高分子化合物，通过其黏合作用在织物表面形成一层或多层薄膜的整理加工技术。涂层所用的成膜高聚物称为涂层剂，所用的织物称为基布，所得产品称为涂层织物。

　　涂层加工的主要目的是改善普通织物的手感、外观和风格，并赋予织物保温、抗菌、隔音、导电、闪光以及反光等特殊功能，同时还可以使织物增加许多新的功能，如拒水拒油、阻燃、抗菌、防辐射、防静电等功能。由于高聚物薄膜的介入，涂层复合后纺织品的性能发生明显变化，很多功能得到强化和提升，或增添新的功能，因而开拓了纺织品的新用途。目前涂层织物在服用，装饰用，以及交通运输、建筑、安全防护系统等产业用领域中已得到广泛应用。

第一节　涂层织物的构成

　　涂层织物一般由机织物、针织物、簇绒织物、非织造布等基布涂敷高分子化合物等涂层剂而制成，如图 10-1 所示。涂层织物的尺寸稳定性及物理机械性能主要取决于基布，而其功能，如防火、防水、保温、抗菌、隔音、导电、闪光、反光、耐久性、自洁性、抗紫外线侵蚀以及对机械、化学等因素的不敏感性等则必须依靠涂层剂来加强。

　　在生产实践中，通过应用适当的聚合物成分配方，可使涂层织物的强力和其他性能得到改善。用来涂层的纤维和织物的选择取决于涂层类型和所要求的最终使用性能。性能标准通常根据下列各方面的要求建立：织物纵横向的强力（包括拉伸强力和撕破强力）、耐磨牢度、

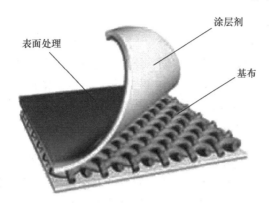

图 10-1 涂层织物的基本构成

硬挺度、尺寸稳定性、热稳定性、耐化学性、防水性、透气性等，为满足上述各种性能方面的要求，需要适当选择纤维、织物结构和涂层剂。

一、涂层织物的基布

对于涂层织物来说，纤维种类、纱线线密度、织造形式的选择决定了织物的性能，纱线和织物结构影响了涂层的耐久性。由于不同纤维的机械黏附和化学黏附性有很大不同，因此在与聚合物黏合时，纤维的选择是很关键的。如果是合成纤维，对涂层织物而言，用短纤纱结构与用长丝纱比较，其机械性能也是不同的。见表 10-1。

表 10-1 涂层织物基布中常用的纤维

纤维材料	优点	缺点
棉	成本低、用途广、有良好的涂层黏合性能、良好的尺寸稳定性	低延伸性、易腐烂、耐酸性差、耐气候性差、易弯曲裂开、吸震性能差
黏纤	成本低、撕破强力较高	湿缩率和耐气候性较差
涤纶	高强度，低收缩性，相对便宜，不易发霉、腐烂或遭受虫害，耐磨性高，可以与棉纤维混纺用于服装或其他用途，在价格和性能上都不错	回潮率低，回弹性有限
锦纶	高强度，有许多品种，弹性和回弹性好，耐磨性好，不易发霉、腐烂或遭受虫害，热吸收性好(可用于安全气囊)	如不加以保护，耐紫外性能差，由于吸湿织物会下垂，与涤纶相比，价格较贵
乙纶、丙纶	质量轻，便宜，化学惰性，不易发霉、腐烂或遭受虫害	熔点低，乙纶尤其如此，对一些物质黏合困难
芳纶	强度很高，熔点高，阻燃性好	价格昂贵，在日光或紫外线照射下会降解
玻璃纤维	可耐很高的温度，阻燃性很好，韧度高，尺寸稳定性好，不易发霉、腐烂或遭受虫害，零回潮率，抗紫外线性能非常好	很难黏合，密度较大，易碎，弯曲性能差

机织物、针织物、簇绒织物、非织造布都可用于涂层。机织物可以是平纹、斜纹或缎纹结构；针织物可以是经编织物或经整理和切开的圆筒形针织物，切边要用树脂处理以防止脱圈；非织造布可以是缝编织物、纺黏织物或针刺织物；簇绒织物本身是在背面涂层以防止簇绒散开并保持尺寸稳定。

二、涂层剂

涂层剂是一种具有成膜性能的高聚物，涂层剂的种类不同，其性能也不同。涂层剂的分类很多，按化学结构分主要有聚氯乙烯类（PVC）、聚丙烯酸酯类（PA）、聚氨酯类（PU）、有机硅类、橡胶乳液类和含氟聚合物类等。按使用的介质可分为溶剂型和水分散型两种。涂层剂的选择主要取决于涂层产品的最终用途。

1. 聚氯乙烯类

聚氯乙烯是氯乙烯的均聚物，具有优良的综合性能。在增塑剂含量高时，它表现出高伸长率、柔软性、良好的手感和耐磨性；原料易得、有阻燃性，所制涂层织物手感丰厚、富有弹性，耐磨性、耐气候性、耐酸碱性好，屏蔽性优良，绝缘性好，易染成各种颜色，也可制成透明无色的制品。尤其是价格低廉使它成为许多涂层织物的首选涂层剂。然而聚氯乙烯在低温下会龟裂，在长期使用过程中会发生增塑剂迁移，并且在加工过程中容易混入重金属等毒性物质，燃烧时会释放出氯化氢和其他有毒气体，对周围环境造成污染。

2. 聚丙烯酸酯类

聚丙烯酸酯类涂层剂是目前常用的涂层剂之一。它一般由硬组分（如聚丙烯酸甲酯等）和软组分（如聚丙烯酸丁酯等）共聚而成，根据涂层产品的要求不同可选择适当的共聚单体及其组成。最初的聚丙烯酸酯类涂层剂属于单纯防水型产品，经过几十年的发展，目前的品种不仅具有防水透湿、阻燃等多种功能，而且还有低温节能的特色。聚丙烯酸酯类涂层剂价格较低，生产和应用工艺较为成熟，耐日光、耐气候牢度好，不易泛黄，透明度和相容性好，有利于生产有色涂层产品，耐洗性好，黏着力强。其缺点是：弹性差，易折皱，表面光洁度差，手感难以调节适度。这些也阻碍了聚丙烯酸酯类涂层剂在涂层应用中的发展。

3. 聚氨酯类

聚氨酯全称聚氨基甲酸酯，由多异氰酸酯和低聚物二元醇通过缩聚反应而成的高分子化合物，其特点是在聚合物的主链分子结构中重复出现氨基甲酸酯基团（—NHCOO—）。多异氰酸酯组成的链段比较硬，极性比较强，称之为硬段；低聚物二元醇组成的链段比较软，称之为软段。在聚氨酯分子链中，硬段和软段相间排列。在生产聚氨酯的过程中，可以通过调节硬段和软段的比例对聚氨酯的软硬程度进行调节。由于聚氨酯独特的结构而可赋予加工产品突出的强度、柔韧、耐磨等性能。聚氨酯类涂层剂能成为当今发展的主要种类，这与它优越的性能是分不开的。它的优势在于：涂层柔软并有弹性；涂层强度好，可用于很薄的涂层；涂层多孔具有透湿和透气性能；耐磨、耐湿、耐干洗。不过聚氨酯也存在着成本较高，耐气候性差，遇水、热、碱易水解等缺点。聚氨酯涂层织物品种主要有弹性好的薄形织物和仿羊皮等。

4. 有机硅类

有机硅产品，通常是指聚硅氧烷系列，是一种分子结构中含有元素硅的高分子合成材料。有机硅涂层剂不仅具有一般高分子化合物的韧性、高弹性和可塑性，而且有很高的耐热性和化学稳定性。由于其独特的分子结构，使其具有良好的透气、透湿性。同时其平滑性好，在高温和低温下都有很好的柔韧性，整理后的织物具有很强的抗撕裂强度。但是其黏合性较差，为提高其黏合性能，大多采用引入交联基团的方法。价格高且强度低，在常温下其强度只有芳香族聚氨酯的 $10\%\sim20\%$。一般情况下，不单独使用有机硅涂层剂，而是将其与其他涂层剂混合使用。

5. 橡胶乳液类

橡胶乳液包括天然橡胶和合成橡胶。天然橡胶是早期主要的涂层剂，它有良好的断裂强力和弹性，因其含有蛋白质而易生物降解，同时这也降低了其耐气候性。在织物涂层领域用量日趋减少。合成橡胶中用量最多的是氯丁橡胶，它有良好的物理性能，耐很多化学药品，有较好的耐气候牢度，价格也较低。但是在焙烘时，氯丁橡胶有泛黄现象，而且易于结晶、玻璃化温度偏高、低温时僵硬，因此生产中一般作为背涂涂层剂使用。

6.含氟聚合物类

各种含氟聚合物多用于有特殊性质要求的产品，如聚四氟乙烯、聚三氟氯乙烯、三氟氯乙烯和二氯乙烯共聚体、聚氟丙烯和氟乙烯共聚体等。其中，聚四氟乙烯涂层剂是唯一集防水、拒油、防污三功能于一体的树脂，常见的品种有杜邦（DuPont）公司的特氟隆®（Teflon®）、3M 公司的 Scotchgard® 等。聚四氟乙烯耐弯曲折叠、耐热、耐氧化、耐气候性好、耐化学性好、高强度、弹性好，并且无粘连现象，是一种理想的涂层剂，但这类材料制作工艺非常复杂，价格昂贵，限制了其广泛应用。

第二节　涂层织物的加工方法

目前有很多种方法和机器用于高分子组合涂层剂对纺织品基布的涂层。任何一个流程的选择在很大程度上依据涂层织物最终用途的要求，同时也受到涂层和基布的物理与机械特性的影响，另外还要考虑加工过程中的经济性。织物的涂层方法有很多，目前用于工业生产上的主要有直接涂层、转移涂层、凝固涂层、泡沫涂层和层压贴合等。

一、直接涂层

直接涂层是最简单的涂层处理方法，它是利用涂布器将涂层剂均匀地涂敷到织物上，而后经烘燥，使溶剂或水分挥发，从而使涂层剂在织物表面形成连续、坚韧的薄膜，制成涂层织物。其工艺（如图 10-2 所示）和设备比较简单，适用于各种涂层剂。但是涂层时应注意，要防止涂层剂在涂布时渗透织物，而且还必须控制溶剂或水的蒸发速度，以防止形成针孔和涂层起泡等疵点。从近 20 多年的发展可以看出，直接涂层设备将朝着提高设备的精确度和开发多功能的涂层联合机的方向发展。现在，有些涂层机制造商已经制造出用一条生产线可以生产出薄型服装面料、人造革、防水帆布、乙烯地板革及乙烯墙纸等不同品种产品的涂层机。

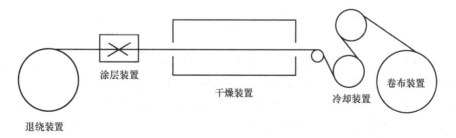

图 10-2　直接涂层工艺

二、转移涂层

转移涂层是将涂层剂涂在片状载体（离型纸或钢带）上，使它形成连续的、均匀的薄膜，然后再在薄膜上涂一层黏合剂，与织物贴合，经过烘干和固化，把织物和载体剥离，涂层膜（包括黏合层）就会从载体上转移到织物上，制成涂层织物，如图 10-3 所示。

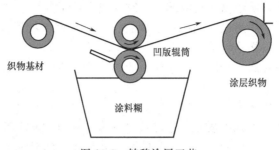

图 10-3　转移涂层工艺

如果离型纸上面有花纹,涂层膜上也会带有离型纸的花纹。转移涂层通常用于生产聚氨酯人造革,一般由皮层和黏合层两层组成,在质量要求更高的场合,可以涂到 3 层及以上,因此现在的转移涂层设备一般有 3 个涂布头及配套烘箱。转移涂层可以生产出性能质量非常接近天然皮革的人造革,甚至有些性能比天然皮革还要好,因此其发展非常迅速。与直接涂层相比,转移涂层可以用来生产针织涂层织物。不过转移涂层产品的价格要比直接涂层的高,原因在于:一是转移涂层要用到离型纸等载体,这些载体的使用成本比较高;二是多涂头涂层设备的价格高。在某些情况下,离型纸可以重复使用,但是随着使用次数的增加,分离性能会逐渐变差,对于质量要求很高的产品,离型纸只能使用 1 次,这也增加了生产的成本。

三、凝固涂层

凝固涂层,又称湿法涂层,它最大的特点就是在凝固浴中成膜,是一种与直接涂层和转移涂层成膜机理完全不同的特殊整理工艺,如图 10-4 所示。

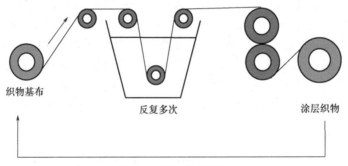

图 10-4　凝固涂层工艺

其产品性能优异,是公认的高档涂层织物。但是需要特殊的设备和巨大的投资,其中包括对溶剂的回收。凝固涂层所用的涂层剂只有一种单组分聚氨酯。成膜机理也非常简单,其基本处理过程包括将聚氨酯溶解在溶剂中,然后在一定条件下脱去溶剂,形成凝固体。工业上一般将聚氨酯溶解在二甲基甲酰胺(DMF)中,然后涂在织物上,接着将织物浸入 DMF 和水的混合浴中,利用 DMF 与水的混溶性,让水在涂层膜内置换 DMF,降低 DMF 的浓度,促使聚氨酯凝固成膜。DMF 是一种有毒溶剂,对人体有害,在生产过程中,要有劳动保护措施。凝固涂层的关键在于如何稳定控制置换过程,使它既符合工艺要求,又能获得理想的产品。凝固涂层的产品主要有人造麂皮和光面革两种。

四、泡沫涂层

泡沫涂层是将整理剂、发泡剂、泡沫稳定剂和少量水,以空气为稀释剂,通过发泡设备使之成为泡沫状态均匀地施加到织物表面，然后轧辊使织物表面上的发泡层破裂，从而将整理剂分布在织物表面的整理工艺，如图 10-5 所示。

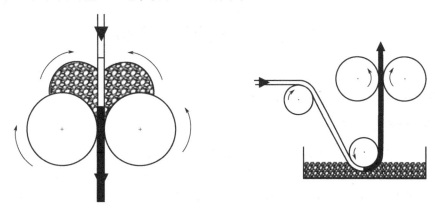

图 10-5　泡沫涂层工艺

泡沫涂层于 20 世纪 70 年代末在美国发展起来，替代了浸轧工艺。因为泡沫涂层系统属于水系介质，所以它是一种环境友好型的涂层加工方法。泡沫涂层的一大特点就是用于织物的单面染色，对毯子类非常厚重织物的后整理具有非凡的意义。与直接涂层相比，织物可获得非常柔软的手感和更好的悬垂性。另外，由于涂层剂中含水量少，在涂层过程中，可大大减少渗入织物的树脂量。这种加工方法形式多样，在涂层配方中加入包括颜料在内的许多不同的添加剂，可以产生出各种独特的性能。

五、层压贴合

层压贴合就是将两层或两层以上的薄片状材料叠合，通过热压黏结成为一体的整理技术，如图 10-6 所示。严格地说，层压贴合不是一种真正意义上的涂层方法，然而它却是获得多功能复合织物的一种有效手段。通过黏结的办法把具有各种功能的材料结合在一起，不仅是功能的叠加，而且还可以增加使用效果。由于各种材料在层压织物内部是相互独立的，因此层压对材料的适用范围很广。

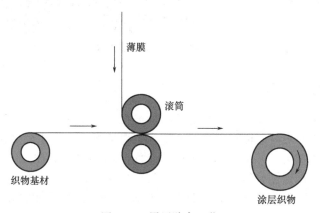

图 10-6　层压贴合工艺

层压贴合方法目前最典型的产品有荷兰 AKZO 公司的 Sympatex 防水透湿层压织物和美国高尔公司生产的品名为 Gore-tex 的防水透湿层压织物。生产层压织物的关键是生产用于层压的薄膜，例如，防水透湿层压织物的 PTFE 薄膜不仅厚度要薄且均匀透明，具有足够

的强力，而且表面布满均匀的微孔，微孔的直径比水分子大，比水滴小。所以生产难度很大，生产成本也比较高。目前国内能生产 PTFE 薄膜的单位很少。

第三节　涂层织物产品

涂层织物产品种类繁多，用途十分广泛，目前的主要产品有防水透湿涂层、各种防护功能涂层、防羽绒涂层、遮光涂层和仿皮革涂层等。

一、防水透湿织物

通常纺织面料能透湿、不防水，而多数涂层织物能防水、不透湿，因此服装面料兼有透湿、防水两种功能是非常重要的。防水透湿织物是一种经 PU 涂层或贴膜（TPU、PTFE、PU 等）的"可呼吸面料"，集透气透湿、防水、防风、防雨、防雪于一体，既能让人体产生之热气、汗液透过面料及时排出，又能完全抵御外界雨水、大风、雪水，使身体保持长久的干爽、舒适，广泛应用于滑雪装、雨衣、航海服、钓鱼装、骑马服、赛车服、摩托服、军警服装等。图 10-7 所示为织物防水透湿原理及产品。

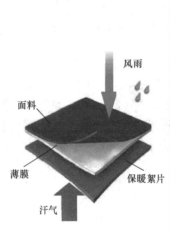

图 10-7　织物防水透湿原理及产品

二、阻燃织物

普通面料一般都可以燃烧，而且会迅速扩展蔓延，造成人体及财物的严重损害。经过阻燃涂层处理的织物具有良好的阻燃性能，在明火点燃情况下不产生燃烧，离开明火后，面料燃烧迅速碳化形成隔离层，不再继续燃烧，从而达到安全防火目的。具有不熔滴、效果持久、无毒、无腐蚀、稳定性好等优良特性，可应用于家庭、宾馆、歌剧院等装饰用布以及冶金、化工、机械、军事等阻燃防护服。图 10-8 所示为涂层阻燃织物服装。

三、防紫外线织物

紫外线照射不仅使纺织品褪色、脆化，强度降低，还可使皮肤变红，产生黑色素和色斑，影响皮下弹性纤维，使皮肤失去弹性，产生皱纹，更严重时还会诱发癌变。经过防紫外线处理的织物，对 180～400 nm 波段的紫外线，特别是 UV－A、UV－B 有良好的吸收和发射作用，屏蔽性强，极大提高了纺织品的耐光色牢度、强度，大大增强纺织品的紫外线屏蔽性能，能对人体产生有效防护，耐洗涤性良好，特别适用于野外工作服、高原服、及太阳伞等。图10-9所示为涂层抗紫外线织物服装。

图 10-8　涂层阻燃织物服装　　　　　图 10-9　涂层抗紫外线织物服装

四、回归反射织物

回归反射织物又称高可视织物，是一种具有特殊光学性能的涂层织物，具有强烈的视觉效果，可以使极远处目标或黑暗中目标产生强烈的反射光线，产生良好的警示和安全预防作用，主要应用于交通警服、消防服、马路工作服、救生衣等。图10-10所示为涂层高可视织物服装。

图 10-10　涂层高可视织物服装

五、涂层装饰织物

涂层装饰织物主要指室内装饰用织物，包括家庭、公共场所以及车、船、飞机等交通运输工具内部所用的织物。其中涂层加工应用较多的有窗帘、家具面料、地毯和贴墙布。对于窗帘通常要求有较好的遮光效果，遮光涂层织物是在织物表面刮涂多层混有色浆的树脂，经焙固后，在织物表面形成一层连续的高聚合物树脂薄膜，使光不透过，从而达到遮光的效果。图10-11、图10-12、图10-13所示分别为涂层家具装饰织物、涂层地毯和墙面装饰布、遮光窗帘织物。

图 10-11　涂层家具装饰织物

图 10-12　涂层地毯和墙面装饰布

图 10-13　遮光窗帘织物

六、"三防"涂层织物

三防涂层织物又称特氟隆（Teflon）面料，是指普通面料经特氟隆助剂处理后，具有优异的防水、防油、防污功能，保持面料干净、整洁。根据耐水洗强度，可分为普通特氟隆、超强特氟隆（Hi－Teflon）。超强特氟隆可耐水洗 20 次后，仍能达到 90 分，水洗前可以达到 100 分，几乎与荷叶效果一样。大多数普通面料都可以进行特氟隆处理，提高其三防功能，产品主要应用于如雨衣、运动装、帐篷、滑雪装等。图 10-14 所示为特氟隆涂层织物。

图 10-14　特氟隆涂层织物

七、皮膜涂层织物

通过对织物表面进行压光和涂层，使织物表面形成皮膜，完全改变织物的风格。一般皮膜面做成服装的正面，有皮衣的风格。有亚光和有光两种，并可在涂层中添加各种颜色做成彩色皮膜，非常漂亮。图 10-15 所示为皮膜涂层织物服装。

图 10-15　皮膜涂层织物服装

八、产业用涂层织物

指用于工业、农业、商业和交通运输业的涂层织物，在产业用涂层织物中，基布起骨架作用，承担复合材料的抗张强力、撕裂强力、尺寸稳定性的作用；涂层剂或复合膜材又保护基布、发挥材料特性（如防雨、不透气、透光、保持鲜艳色彩不褪色）等功能，涂层工艺就是讲基布和涂层剂两者层压结合为一体。图 10-16 所示分别为用于充气救生艇和建筑工程用结构膜材。

图 10-16　充气救生艇和建筑工程用结构膜材

思考题 ▶▶

(1) 简述涂层织物的定义及其组成。

(2) 涂层织物的基布有几大类？主要特点是什么？

(3) 常用的织物涂层剂有什么特点？

(4) 简述涂层织物的加工方法。

(5) 简述涂层织物的主要产品。

实训题 ▶▶

(1) 市场调查，在我们日常生活环境中，哪些地方使用了涂层织物材料？

(2) 做切片，用显微镜观察涂层织物的切面结构，分析判断样品是单面涂层、双面涂层还是多层层合结构？

参 考 书 目

[1]　顾平. 纺织导论 [M]. 北京：中国纺织出版社，2008.

[2]　刘森. 纺织染概论 [M]. 北京：中国纺织出版社，2008.

[3]　（美）S. 阿达纳. 威灵顿产业用纺织品手册 [M]. 徐朴等译. 北京：中国纺织出版社，2000.

[4]　姚穆. 纺织材料学 [M]. 3 版. 北京：中国纺织出版社，2009.

[5]　于伟东. 纺织材料学 [M]. 北京：中国纺织出版社，2006.

[6]　郁崇文. 纺纱学 [M]. 北京：中国纺织出版社，2009.

[7]　杨锁廷. 现代纺纱技术 [M]. 北京：中国纺织出版社，2004.

[8]　魏雪梅. 纺纱设备与工艺 [M]. 北京：中国纺织出版社，2009.

[9]　谢春萍，徐伯俊. 新型纺纱 [M]. 2 版. 北京：中国纺织出版社，2009.

[10]　朱苏康，高卫东. 机织学 [M]. 北京：中国纺织出版社，2008.

[11]　龙海如. 针织学 [M]. 北京：中国纺织出版社，2004.

[12]　柯勤飞，靳向煜. 非织造学 [M]. 上海：东华大学出版社，2004.

[13]　宋慧君. 染整概论 [M]. 上海：东华大学出版社，2009.

[14]　郭腊梅. 纺织品整理学 [M]. 北京：中国纺织出版社，2005.

[15]　肖长发. 化学纤维概论 [M]. 北京：中国纺织出版社，1997.